Kevin Le Celte

Du Chanvre à la permaculture

Kevin Le Celte

Du Chanvre à la permaculture

Éditions Vie

Imprint

Cover image: www.ingimage.com

Publisher:
Éditions Vie
is a trademark of
International Book Market Service Ltd., member of OmniScriptum Publishing Group
17 Meldrum Street, Beau Bassin 71504, Mauritius

Printed at: see last page
ISBN: 978-613-9-58928-9

DU CHANVRE À LA

PERMACULTURE

LES ECHOS LOGIQUES

INTRODUCTION

Journées Alternatiba à Tarbes avec son village des alternatives…

« Changeons le système, pas le climat », est le slogan de ce mouvement, qui fait le tour de France des grandes villes à vélo ; mais je fais le constat amère qu'ici, le climat importe peu, et ce malgré les évènements météo de plus en plus extrêmes.

La permaculture est encore peu connue, mais nous sommes sur la bonne voie.
Je ne parle pas pour le moment d'électro culture, totalement inconnue grâce à la désinformation de masse, des gouvernements et des lobbies…

Journée grise, bâtiments gris, triste, un peu à l'image, ou simple reflet de nos sociétés dites « modernes ».
Aujourd'hui j'apprends encore que le taux de glyphosate relevé dans les urines humaines est neuf fois plus important en montagne, et quarante fois plus important en ville, que le taux maximum autorisé dans l'eau du réseau dites « potable » avec tout son fluor…
Ca aussi, l'eau, le fluor, on en reparlera plus loin en détails avec des sources publiques, accessibles à tous.

« Pesticides ? Non merci !» est mis en avant sur le stand en face, à l'heure où les gouvernements et l'Europe, se demandent encore si il faut interdire le glyphosate, reconnu pourtant cancérogène, et qui est omniprésent dans l'eau et l'alimentation…

Le chemin est encore long si on attend que ça bouge d'en haut ; la Révolution vient du bas.

Par contre Monsanto a déjà préparé la suite ou la parade avec le Dicamba.
Plus puissant et nocif que le glyphosate.
Un monde bien sombre pensez-vous ?
Alors avant de poursuivre la lecture, je préfère prévenir, prenez un antidépresseur, un peu d'infusion de cannabis, car je vais commencer par dresser le sombre tableau de notre civilisation latine, judéo-chrétienne, qui nous envoie dans le mur en détruisant la planète, sa faune et sa flore, jusqu'à la prochaine grande extinction de masse, comprenant surement des milliards d'êtres humains…

Le moral est déjà en berne ?
Un p'tit remontant et on y va ! Yallah !

Pour situer un peu notre action, nous allons revenir un instant à la nature, et présenter un peu notre projet ; quelque part dans les Pyrénées, résistant encore et toujours à l'envahisseur, notre petit éco lieu a vu le jour, dans un premier temps dans mon esprit, puis finalement au sud de la Gaule occupée, au milieu de forets magiques que nous appelons, les Baronnies.
Cette contrée enchantée nous a charmé au premier coup d'œil, avec ses montagnes, ses bois et villages, sa faune et sa flore luxuriante, et ses prairies vertes toute l'année,
Il ne manque plus que des maisons troglodytes et des hobbits pour se croire dans la Comté, du Seigneur des Anneaux.

Bref, un vrai coin de paradis à l'abris de nombreuses pollutions, et par-dessus tout, sans glyphosate.
Notre projet de permaculture est donc né, ici à deux pas de Bagnères de Bigorre.
Nous avions à notre disposition pour démarrer, 500m^2 habitables divisibles pour trois familles, 500m^2 d'ateliers, labo, chambre froide, abris, dépendances, une vingtaine de fruitiers, un champ de six cent myrtillers américains, six hectares de prairies et sept hectares de foret.

L'investissement d'une vie pour nous tous, originaires de Lille, Bordeaux, puis ma conjointe de Tarbes, nous avons tout plaqué, habitats et travails, pour retourner à la nature ensemble, car seul on va vite, mais ensemble on va loin.

Tous issus de milieux différents, aide soignante, ambulancière, coach en nutrition, bureau d'études, licenciés anglais/chinois, mais aucun du milieu agricole.

Et pourtant aujourd'hui, nous voilà tous installés en agriculture naturelle, en vue de créer une société agricole pérenne, et créatrice d'emplois.

Mais l'histoire de ce projet ne démarre pas là, mais remonte pour ma part à l'adolescence avec ma découverte du Chanvre !

Paysan depuis peu donc, je suis ce que certains appellent, un néo-rural ou néo-paysan, car la majorité des personnes aujourd'hui ont besoin de mettre une étiquette sur les choses, sur les gens, afin de tout rentrer dans des petites cases, bien ordonnées…

J'ai souvent eu de folles idées, souvent agi précipitamment, toujours pressé, impatient, ayant le désir d'avancer, d'aller plus loin, de repousser mes limites ; raison pour laquelle en sortant du lycée j'ai décidé de partir dans les commandos ; donc souvent en agissant à l'extrême, et cela m'a souvent desservi, causé du tort, jusqu'à ce projet fou, de retour à la nature en famille, sur le modèle des paysans français du début 20eme siècle.

Pourquoi cette envie soudaine de revenir à la nature, alors que je suis né en plein Lille, j'ai grandi en ville, en banlieue de Bordeaux, et il y a quelques années, je ne voyais qu'une vie urbaine

d'envisageable, ne voulant que du béton et du bitume dans mon jardin…
Triste vie je pense aujourd'hui, entouré de 13 hectares, dans l'un des coins les plus préservé de France, dans les Baronnies des Hautes-Pyrénées, zone vallonnée du piémont, à 700m d'altitude, au cœur d'un petit hameau nommé Darré Peyrahitte, signifiant « Derrière les pierres hautes » en Gascon.

J'ai vécu quelques années en foret, lorsque j'étais militaire, et je pense que même si c'était les années les plus dures, durant lesquelles j'ai vraiment repoussé mes limites physiques et mentales, au niveau du confort, de la rusticité ; le froid, la faim, la fatigue, étaient mes compagnons de fortune.

Puis un retour à la ville, en reconversion civile au sein d'un centre fitness, où je

suis devenu préparateur physique et coach en nutrition.
La nutrition… Une révélation pour moi, avec l'anatomie et la physiologie humaine, qui m'ont tellement apprit durant des années, et encore aujourd'hui, surtout en produisant des fruits et légumes naturels, riches en nutriments.

Déjà par la nutrition, comme je disais, j'ai tellement appris de choses logiques, et surtout de vérités, que l'esprit de dicidence prenait de l'ampleur.
En effet, les gouvernements, les organismes de santé, sont de mèche, voir dirigés, par les lobbies pharmacologiques et agro-industriels, ce qui semble logique encore une fois, puisque les campagnes de « santé » sur les médicaments, les vaccins, les produits laitiers, nous poussent à consommer ces produits, qui finalement sont néfaste pour l'être

humain, mais permettant aux laboratoires, et aux industriels laitiers de s'enrichir de millions, même de milliards d'euros chaque année, sur le dos de pauvres innocents désinformés.
Autrefois, ces lobbies ne dominaient pas la vie de nos sociétés occidentales, puisqu'il y avait des herboristes, des remèdes de grand-mère, et bien avant cela pour remonter à mes origines celtes, les druides, qui œuvraient avec la nature, avec une médecine préventive, pas de potions magiques, quoi que, presque maintenant dans un monde gouverné par la chimie ; ils cherchaient, comme en médecine chinoise, à maintenir les gens en bonne santé, en traitant à la source les risques de maladies, plutôt que faire comme aujourd'hui avec la médecine conventionnelle, des traitements symptomatiques, cherchant juste à éteindre les voyants rouges.

Si le corps fait de la fièvre par exemple, c'est bon signe, cela veut dire qu'il se défend contre quelque chose d'indésirable, et il faut l'accompagner, sans se mettre en danger bien sur, mais surtout pas l'empêcher de faire son boulot en prenant des cachets contre la fièvre.

Avec la nature c'est la même chose, et c'est aussi un principe de permaculture, il faut chercher à œuvrer avec la nature et non contre elle.

Mais pour en revenir aux mensonges et aux vérités, je pense que l'une des plus aberrantes, est celle des produits laitiers, qui depuis les années 50, a prit une proportion démesurée, avec toute les déclinaisons de fromages, de beurres, de yaourts, de lait à boire ; campagne d'état même en France dans ces années là, avec un gouvernement à l'avant-garde, qui offrait du lait de vache à boire, chaque matin dans les écoles de la ripou-blique française.

Consommer du lait une fois de temps en temps, un bout de fromage, ou un yaourt avec de la crème de châtaigne, je dis pas non, et encore faut accepter qu'un veau soit arraché de sa mère, pour nous fournir ce petit plaisir.
Mais consommer tous les jours, plusieurs fois par jour, un produit industrialisé, physiologiquement incompatible avec l'humain, surtout avec la stérilisation UHT qui ne détruit pas les hormones de croissances, qui font grossir les organes internes, et nourrissent les tumeurs (car il faut savoir que le lactose par exemple n'est pas digeste, ce qui explique les intolérances de certaines personnes), mais au delà de ça, la plupart des

molécules du lait de vache ne sont pas assimilables par le corps humain, car cela vient d'un grand mammifère, alors que nous sommes de petits mammifères, signifiant donc que tout ce bon calcium mis en avant va finir dans nos déjections. Mais encore plus fou, le lait de vache est un produit acidifiant, voulant dire qu'il déséquilibre le PH du sang, le rendant donc plus acide…

Et savez-vous ce que fait le corps pour réguler le PH du sang ?

Il va puiser dans ses réserves de minéraux, et en priorité dans le calcium.

Mais où se trouvent nos réserves de calcium ?

Dans nos os ! Dans la structure de notre corps…

Ce qui signifie que les produits issus du lait de vache, consommés en grande quantité, vont déséquilibrer notre structure, notre ossature et provoquer des déficiences au niveau des os, des articulations, et j'en passe…

Une étude comparative a été faite en Europe et en Asie, montrant que les pays Scandinaves, les plus gros consommateurs de lait de vache au monde, connaissaient le plus gros taux d'ostéoporose au monde.
Curieux non ?
Ne devraient-ils pas avoir des os solides ?
Ils sont si grands pourtant, le lait de vache doit être bénéfique du coup ?!
A chacun son opinion, mais dans les pays asiatiques, qui consomment peu ou pas de lait de vache, eux connaissent les taux d'ostéoporoses les moins élevés au monde, et ce n'est pas grâce au Taï Shi, bref.
Faites vos recherches, informez vous par vous-même, cherchez les contre

arguments, regardez des deux cotés et vous trouverez votre vérité.

Fort heureusement, il n'y a pas que le lait industrialisé à dénoncer, il y a aussi le soja, le gluten, le glutamate, le café, le cacao, l'alcool, le tabac, et surtout le sucre, au niveau de la santé ; mais il y a aussi sur le plan environnementale qu'il faut boycotter l'huile de palme, le poisson péché dans les océans, la viande, les céréales, le maïs, le colza, les blés plein de gluten, et j'en passe…
Mais attention boycotter ne veut pas dire, se priver, mais plutôt repenser les méthodes de productions et de consommations, plutôt que se gaver de produits de merde tous les jours ; réduire par exemple sa consommation de viande, comme avant les années 50, une a deux fois par semaine en famille, repas de

fête, ou comme en Asie, en petite quantité.
Ce sera bon pour votre santé et pour l'environnement, en réduisant considérablement son empreinte carbone.
Et surtout s'il vous plait, en choisissant un éleveur local, en bio, dans le respect de la vie animale, libre dans sa pâture.

A chacun sa façon de consommer, vegan, végétalien, végétarien, omnivore, mais pour ma part je me considère comme un charognard opportuniste, car je ne chasse pas, et je ne veux pas égorger, ou tuer d'autres façons, d'animaux.
Tout cela pour dire qu'il faut s'informer et se former, trouver des choses logiques, des vérités qui révèlent malheureusement les mensonges de différentes institutions, et principalement les lobbies pharmacologiques et agro-alimentaires…

Lobbies qui ont réussi finalement au 20eme siècle, au travers d'une grande campagne de désinformation et d'intox, à faire consommer du pétrole et des produits phytosanitaires chimiques, et dangereux, entrainant une surconsommation de pharmacologie derrière, à la place du CHANVRE !!!

LE CHANVRE

En partageant avec vous mes expériences, connaissances et autres expérimentations, je me retrouve face à mon carnet, puis face à mon écran pour mettre en page, et j'ai l'impression de tenir un journal intime de jeune adolescente à l'Américaine…

Quelle empreinte incroyable peuvent avoir les USA dans nos cultures, à travers le monde, inondés de leurs produits, de leurs pratiques, voir même colonisés par des bases militaires dans certains pays…

L'empire américains, qui poursuit l'œuvre de l'empire chrétien, qui succédait lui-même à l'empire romain il y a déjà plus de 2000ans ; mais l'empire est toujours debout, il a juste changé de nom et de forme, pour enjoliver la vérité, la garder caché, et réduire les masses des populations à un esclavage de plus en plus écrasant, mais préservant l'illusion de liberté dans des cages dorées.

Esclaves du système, d'une nation, d'un dictateur, de la consommation, des lobbies qui nous rendent malade, puis nous maintiennent en vie, esclaves de la

pharmacologie, et jusque dans la mort, ils feront payer vos familles pour vos funérailles, et des fortunes !
Il faut demander l'autorisation à la préfecture, si nous souhaitons enterrer nos morts sur nos terres… Bientôt faudra une autorisation, ou peut être une taxe pour respirer, après la taxe carbone, la taxe oxygène !

Mais reprenons une grande bouffée, d'oxygène ou de chanvre, pour les initiés, et revenons à l'origine de tout ce projet, de ce qui m'a amené à devenir acteur et militant de l'agro-écologie, de permaculture et d'agriculture naturelle.

Le CHANVRE donc !

Cette plante ancestrale, utile depuis des millénaires dans toutes les cultures du monde, humains, animaux et végétaux, profitent de ses bienfaits.

En Asie, en Afrique, en Europe puis en Amérique, avec George Washington, qui a écrit la constitution américaine sur du papier de chanvre, et qui encourageait chaque colon, à cultiver du chanvre pour l'autonomie en papier, textiles, voiles et cordages de bateaux, puis plus tard qui servira de biocarburant avec les premières automobiles, ainsi que pour les carrosseries en fibres de chanvre. On pourrait remplacer le plastique, les bouteilles d'eau par exemple, toute en chanvre, biodégradables.

Les Chinois l'utilisent depuis des milliers d'années dans la cuisine, avec les graines très riches en acides aminées, protéines végétales très facile à assimiler.

En médecine chinoise aussi, comme soins préventifs et curatifs, efficace contre certains cancers ; études sur le cancer du poumon par Harvard Medical School, USA ;
Contre le cancer du cerveau par le Département de biochimie et de biologie moléculaire à l'Université Complutense de Madrid et protège contre les neuro-dégénérescences, type Alzheimer ; étude publiée aussi par le Journal of pharmacology and Experimental Therapeutics, soulignant l'effet anti tumorale du cannabidiol, et Molecular Cancer Therapeutics a démontré le retournement de la tumeur sur leur activité dans le glioblastome multiforme.

Cancer du sein traité aussi avec cette plante, avec des études publiées par l'US National Library of Medecine, encore le Journal of Pharmacology and

Experimental Therapeutics qui démontre que le cannabidiol réduit considérablement la croissance des cellules du cancer, encore une fois Molecular Cancer qui démontre que le THC réduit le nombre et la croissance des tumeurs, et National Academy of Sciences of the United States of America qui démontre les mêmes résultats.

Contre toute attente, le cannabis est aussi efficace dans le traitement du cancer du poumon, comme l'ont prouvé le département de médecine d'Harvard Medical School et la US national Library of Medicine, qui ont démontré que le THC inhibe le facteur de croissance épithélial pulmonaire induit par la migration des cellules cancéreuses, que les cannabinoïdes inhibent l'invasion de ces mêmes cellules et diminuent ainsi les cellules invasives, ou encore ont décrit le rôle des récepteurs cannabinoïdes dans les cellules cancéreuses du poumon.

Bien sur il n'est pas question de fumer des joints dans ce genre de cas, car le goudron généré par l'inhalation de fumées et de chanvre incandescent, sont des facteurs aggravant je pense, mais plutôt privilégier d'ingérer la plante, via la cuisine, des tisanes, ou encore par vaporisation dans une pièce dédiée.

Nous pouvons encore trouver des études contre le cancer de la prostate, donc fini les fist fucking après 50 ans, consommez du chanvre !

Encore une fois nous retrouvons la US National Library of Medicine qui a démontré une diminution des cellules cancéreuses en agissant via les récepteurs cannabinoïdes, ainsi que d'autres études prouvant l'efficacité du cannabis sur le cancer de la prostate et a conclu que les essais des effets cliniques contre le carcinome de la prostate est indispensable. Cette activation des récepteurs cannabinoïdes induit l'apoptose des cellules cancéreuses de la prostate, et que le cannabidiol inhibe de façon significative la viabilité des cellules.

Idem pour le cancer du sang, cette fois selon Molecular Pharmacology, qui a démontré que les cannabinoïdes induisent une inhibition de la croissance de l'apoptose dans le lymphome des cellules du manteau, financé par la Suède.

Dans l'International Journal of Cancer, une étude a aussi été publiée sur le fait que les cannabinoïdes exercent des effets antiprolifératifs et proapoptopiques dans différents types de cancers, et de lymphomes des cellules du manteau.

Et encore la US National Library of Medicine, associé au département de pharmacologie et de toxicologie de l'université Virginia Commonwealth, ont démontré que les cannabinoïdes induisent l'apoptose dans les cellules leucémiques.

Ils ont aussi révélé des résultats démontrant comment les cannabonoïdes sont de puissants inhibiteurs pour la respiration cellulaire et très toxiques pour les tumeurs malignes orales, type cancer de la bouche.

Contre le cancer du foie, évitez l'alcool déjà, mais vous pouvez compter sur le THC, selon la US National Library of

Medicine, qui réduit la viabilité des lignées de cellules souches contenant le cancer hépatique, HCC (lignée cellulaire continue d'un carcinome hépatocellulaire du foie) et réduit la croissance.

Et pour le pancréas, The American Journal of Cancer a déterminé que les récepteurs aux cannabinoïdes sont exprimés dans des lignées cellulaires et dans les biopsies tumorales pancréatiques humaines à des niveaux beaucoup plus élevés que dans le tissu pancréatique normal. Les résultats ont démontré que l'administration de cannabinoïdes induit dans ce cas aussi, l'apoptose. Ils ont également réduit la croissance des cellules tumorales qui inhibent la propagation de cellules tumorales pancréatiques.

Au-delà de ces recherches, en revenant dans l'hexagone, la Ligue Nationale contre le Cancer considère que le delta-9-tétrahydrocannabinol, le THC, doit être utilisé dans le traitement des cancers pour améliorer la qualité de vie des patients, au niveau des douleurs, du manque d'appétit, des nausées suite à la chimio, qu'il faudrait interdire selon moi, car cela dégrade la santé des patients, et permet aux groupes et lobbies pharmacologiques de faire fortune sur ce que j'appel le business de la mort, de la maladie, maintenu en vie, jusqu'au cercueil…

Leurs recherchent ont montré que le THC entraîne la mort des cellules du gliome humain, tumeur cérébral agressive, par apoptose.
C'est un processus dans lequel la cellule se détruit elle-même ; les cellules saines

ne sont pas affectées et le cannabidiol, le CBD, deuxième cannabinoïde du cannabis, renforce cet effet.
Ils soulignent aussi que le THC exerce une action anti-invasive, signifiant qu'il s'oppose à la prolifération des cellules cancéreuses vers les tissus voisins, action utile dans le cas de cancers très invasifs.

Mais n'oublions pas que la fumée de cannabis contient dans une large mesure les mêmes substances cancérigènes que le tabac, quand il s'agit d'hydrocarbures aromatiques, nitrosamines, aldéhydes, monoxyde de carbone, mais mieux vaut une herbe naturelle, ou même un tabac naturel, plutôt que les versions industriels que l'on trouve dans le commerce, avec plus de 70 substances cancérigènes supplémentaires.

Pour revenir à la France, la question médicinale s'est posée récemment en 2014, avec l'arrivée du Sativex pour soulager les patients souffrant de sclérose en plaques.
L'efficacité a aussi été prouvée pour des douleurs chroniques, des spasmes, des nausées, manque d'apétit dû au SIDA…
Des propriétés de plus en plus reconnues de nouveau de par le monde, mais rarement en France, depuis l'interdiction de cette plante début XX° siècle avec le Marijuana Taxe Act.

En France, comme ils aiment le nommer, le chanvre indien, nous pouvons retrouver des traces de l'efficacité médicinale du cannabis, depuis l'Egypte ancienne, mais chez nous, cette substance n'a été que peu étudiée de manière scientifique et rigoureuse en raison de sa prohibition.

Finalement en 1992, le professeur Raphael Mechoulam a découvert un analogue du cannabis fabriqué par l'organisme lui-même, l'anandamide. Selon ce professeur de l'université de Jerusalem, le système des endocannabinoïdes joue un rôle dans pratiquement tous les systèmes physiologiques qui ont été observés.

L'emballement des recherches autour de ce composé semble lui avoir donné raison, puisque de nos jours, ce sont des centaines d'études qui ont permis de confirmer certaines propriétés médical du cannabis.

Antidouleurs, surtout pour les douleurs chroniques résistantes, anti-spasmes dans les cas de sclérose en plaques ou d'épilepsie partielle, anti-vomitives et contre les nausées pour les patients sous chimiothérapie, atteint du SIDA, stimule l'appétit en cas de maigreur importante ou de cachexie chez les personnes âgées, les patients atteint d'une maladie d'Alzheimer, mais aussi aide à l'amélioration du sommeil, à la dilatation des bronches pour l'asthme, à la dilatation des vaisseaux pouvant améliorer le glaucome, efficace face à la progression des cellules neuro-dégénératives dans le cas de la maladie d'Alzheimer encore, pour aider au traitement des troubles obsessionnels compulsifs, les TOC mais aussi des tics excessifs ou pathologiques, comme le syndrome de la Tourette.

Donc, on peut réduire les douleurs provoquées par l'arthrite, les rhumatismes, c'est un analgésique et anti-inflammatoire reconnu, moins violent que la morphine ; cette plante

freine les symptômes de la chimio, permet de lutter contre des crises de convulsion de l'épilepsie, avec les propriétés anticonvulsives des CBD.
Réduit les symptômes de la sclérose en plaques avec des qualités anxiolytiques pour les dépressifs et antispasmodiques.
Permet de lutter contre des maladies inflammatoires de l'intestin, type Crohn ou colite ulcéreuse, grâce aux cannabinoïdes.
Protège contre la dégénération neuronale observée sur des cas souffrant d'Alzheimer, comme en Australie, avec leurs chercheurs en neurosciences, accorde que le CBD a un potentiel thérapeutique pour les troubles cognitifs spécifiques associés à Alzheimer, en réduisant l'agrégation de plaques de bêta-amyloïde, une protéine indicatrice de la maladie, puis diminuera la phosphorylation, processus chimique

d'addition de phosphates, des protéines tau, un autre indicateur biologique de cette pathologie, provoquant la dégénérescence des neurones en les poussant à la mort cellulaire.
Ici le CBD va réduire l'inflammation neuronale et favoriser la création de nouvelles cellules cérébrales qui vont contribuer à freiner la maladie.

Ainsi le Cannabis agit comme un neuro-protecteur préventif !

Mais les gouvernements complices de ce hold up des lobbies pharmacologiques et pétroliers, continuent de l'interdire !

C'est une honte !

Interdire une plante millénaire, qui pourrais résoudre de si nombreux problèmes médicaux, de manière naturelle, sans effets secondaires, ça relève du crime contre l'humanité !

On pourrait soulager tellement de souffrances, au moins avec sa légalisation thérapeutique…

Soulager de la dépression dans cette société, et de l'anxiété, avec ses propriétés anxiolytiques efficaces, jusqu'à contrôler les symptômes psychotiques de la schizophrénie.

Et pour les ados permet d'éviter l'acné !

En cas de commotion cérébrale, le cannabis peut aider à réparer les dommages, ou cas plus rares, avec la drépanocytose, maladie génétique héréditaire, évitant les douleurs, inflammations et gonflements.

L’hépatite C peut aussi être soulagée par le chanvre, que ce soit les effets du virus ou le traitement difficile, empêchant des dommages chroniques du foie, ou la cirrhose en cas d’abandon de la médication.

Les lésions de la moelle épinière peuvent être traitées avec le CBD, améliorant la motricité des personnes, conclusion de l’Hopital de Valence avec le Sativex.
Le THC aussi peut être bénéfique à ce niveau, aidant en plus pour les insomnies et le contrôle de la vessie.

La lèpre existe toujours, en Afrique, Asie et aux Etats Unis, mais depuis le moyen age, le cannabis permet d’éliminer la bactérie responsable de la maladie, comme en 1578, en médecine traditionnelle chinoise, qui parlait déjà de l’usage de la plante contre la lèpre, comme au Méxique, en Malaisie, dans le monde arabe, qui reconnaissent les propriétés antibactériennes du chanvre.

Le Lupus érythémateux disséminé, une maladie systémique auto-immune chronique, poussant le corps à s'attaquer lui-même peut être traité avec notre plante, réduisant l'inflammation au niveau des articulations, des organes vitaux comme le cerveau, les poumons ou le cœur.

Si vous avez des soucis d'herpès aussi, vous pouvez compter sur elle, d'une grande aide pour soulager les symptômes, sachant que le virus ne peut être éliminé par le corps humain, mais avec le CBD et son pouvoir anti-inflammatoire améliore l'état de ceux qui en souffrent.

Le THC lui empêche les cellules infectées par les virus HSV-1 ou HSV-2 de se reproduire selon une étude des années 80.

Alzheimer, anorexie, anxiété, asthme, apnée du sommeil, arthrite, cachexie, cancers, crampes, dépression, diabètes, épilepsie,, fatigue, fibromyalgie, glaucome, hyperactivité, hypertension, Gilles de la Tourette, lésion de la colonne vertébrale, nausées, paralysie spasmodique, sclérose en plaques, sclérose latérale amyotrophique, SIDA, il y a tellement de maladies que nous pourrions soigner ou soulager avec le chanvre, qu'il est vraiment criminel de l'interdire, alors qu'il faudrait au moins autoriser sa culture pour les bienfaits médicaux.

Mais le crime va plus loin que la seule médecine, car les applications du chanvre sont vraiment nombreuses : constructions, isolations, automobiles, biocarburants, plastiques biodégradables, textile, insecticides, voilures, filets, cordages, imprimerie, les premiers Jean's, la Bible, la constitution américaine aussi écrite sur du chanvre, toiles de peintures, billets de banque, papiers à cigarettes, litières pour animaux, productions électriques, combustible diesel, nourriture riche en acides aminés et acides gras polyinsaturés, l'huile la plus équilibrée de la nature, cosmétiques, huiles essentiels, huile de massage, shampoings, savons, baumes à lèvres, c'est pourquoi il faut croire qu'on redonnera ses lettres de noblesse au Chanvre, avec toutes ses propriétés nutritives, thérapeutiques, aux nombreuses applications industrielles et commerciales, et qu'il soit reconsidéré et envisagé comme étant un véritable enjeu pour notre avenir.

Pour moi le mensonge des états et des lobbies était global, donc pas de soucis on peut parler de complotisme, moi ça me va vu tout ce que l'on nous cache, rien que sur le chanvre.

Nous parlerons plus loin d'autres mensonges d'états et lobbies, aux travers de mes expériences professionnelles, et tout particulièrement, en rapport avec la nutrition, base de notre santé comme le disait Hippocrate, « Que ton aliment soit ton seul remède ».

Je pense que j'aborderais aussi la peur et les attentats sous faux drapeaux, les bienfaits du terrorisme pour l'oligarchie qui détruit de plus en plus nos libertés individuelles, dans certains états criminels en Occident.

Je sais qu'avec cet ouvrage, je vais me faire de nombreux ennemis au niveau des lobbies, des états, et certains extrémistes néo-nazis, qui pullulent en Europe, en Palestine occupée et dans le monde Arabe.

Nous devons prendre conscience des choses, de ce que les puissants nous préparent pour l'avenir, le chaos à venir, et s'en prémunir, s'y préparer, entre autre grâce à la Permaculture.

Mais revenons-en au Chanvre, d'où cet esprit contestataire, luttant contre les injustices, prend ses racines !

J’étais donc un jeune adolescent de 14 ans, qui découvrait le cannabis, Bob Marley, Tryo, Dub Incorporation, Matmatah, les fils Marley, bref le monde Raggae et Rasta, très spirituel, proches de la nature et végétariens.

Un jeune esprit rebel, qui hurlait contre l’Apartheid en Palestine, la légalisation du Chanvre, l’amour et la paix dans le monde.

Le Chanvre donc pour le jardin, en associant avec des légumes pour les protéger de certains insectes ravageurs, en faisant des purins et du BRF avec les branches, pour les arbres fruitiers et petits fruits.

N’oublions pas cependant le côté convivial et récréatif, lorsqu’on partage sa récolte naturelle à l’apéro.

Cette rencontre avec Maryjane, en 2000, à bouleversé ma vie, et ma perception du monde, lorsque je vivais en banlieue de Bordeaux, à Bruges, au nord, entouré de maraichers et leurs tunnels. A 5ans déjà, j'avais l'influence des paysans voisins, et je vois un signe de l'univers là dedans.

Donc lycéen, section technique de Gustave Eiffel, j'ai passé une année sabatique pour faire mes premières expériences avec le chanvre, l'ouverture de conscience, et la découverte des mensonges des USA dans les années 30, avec le « Marijuana Taxe Act » interdisant la culture du chanvre, millénaire, au profit du pétrole pour les carburants, le textile, et la pétrochimie, incluant agricole.

Les lobbies pharmaceutiques aussi ont fait pression avec la chimie mais par-

dessus tout l'agriculture et l'agro-alimentaire empoisonné de chimie.
Presque un siecle d'interdiction mondiale, sous couvert de l'ONU, sauf aux Pays Bas et en Espagne.
Amsterdam est magnifique et quartier rouge, ses rues parfumées de différentes variétés fruitées de chanvre ; je vous le conseil en été, quartier piéton, vélos, et hôtels sur l'eau, sur péniches, les boatels.

Initiation jeune, donc, sous toutes ses formes, avec tous mes amis, ma mère, ma conjointe et des rencontres conviviales.
Cela m'a amené dans un premier temps à la botanique, avec un premier labo d'intérieur, chambre de croissance et de bouturage, et une chambre de floraison de 4m², sur 2m de haut.
Des cycles normaux et autofloraison, en pot, hydroponie puis aéroponie.

Les meilleurs rendements sont en extérieur en pleine terre, avec les poireaux ou les tomates.
Certains le plantent aussi dans le maïs.
Attention aux animaux par contre, par exemple chez nous, hors de portée des alpagas, des chats, et méfiance avec les oiseaux, tous adorent les fleurs médicinales comme les abeilles, qui font un super miel plein de CBD, donc plein de vertues médicinales
Contre les rongeurs , il faut mettre aux pieds, des cheveux, des poils, ou encore de la laine, pour les repousser.

Une plante magique ! Multi-fonctions ! Vraiment intéressante aussi en nutrition, pour le sport ; caraprès l'armée j'ai fais une reconversion comme préparateur physique, coach en nutrition, qui m'a révélé d'autres mensonges des lobbies pharmaceutiques et agro-alimentaires.

Comme les aliments acides, le sucre, les produits laitiers et pire ceux UHT, la viande, les graisses, les protéines, et puis j'ai beaucoup appris sur l'anatomie, et la physiologie du corps humain. Mais nous reparlerons nutrition plus loin, puisque cela fait parti du parcours qui m'a mené à la Permaculture.

28 octobre 2018, il neige à 400m aujourd'hui, et le président américain Donald Trump ne croit pas au dérèglement climatique, malgré les inondations à répétition dans le Var, les ouragans en Irlande et au Portugal, sans parler des phénomènes de plus en plus extrêmes aux Etats-Unis qu'ils vivent en live chaque jour, au quatre coins de leur Nation dominatrice, Impératrice de l'Occident fasciste et capitaliste.

On est la nouvelle génération de Mai 68, et on n'a pas l'intention de se battre, mais plutôt penser Permaculture, car le problème est la solution, ce système où l'on marche sur la tête est la solution aux problèmes socio-économiques d'aujourd'hui, ne serait ce par exemple qu'en revalorisant les espaces verts des villes, les toitures et parkings de résidences pour cultiver des légumes urbains, comme à Détroit, USA, les Urban-Culter !

Un vrai exemple Détroit de la croissance capitaliste industrielle avec le marché de l'automobile, puis sa chute avec la mondialisation, la délocalisation, la main d'œuvre bon marché d'une droite libérale, complice d'une gauche capitaliste aux services de l'empire judéo-chrétien ou américano-sioniste pour être plus contemporain, dans l'ère du temps.

Je dois dire cela dit, que j'ai tout de même une bonne étoile, qui m'a toujours bien guidé, et je remercie l'univers, ou Dieu pour certains, car je dois dire que j'ai toujours suivi les signes, du moins j'ai essayé quand je les ai vu, mais pour la petite histoire, les origines de la ferme, c'est assez anecdotique.

Je cherchais un terrain, avec l'habitat suffisamment grand pour deux foyers, par la Safer dans un premier temps, puis des agences immobilières en parallèle.
Je cherchais à l'origine dans la vallée des Gaves, vers Argeles Gazost, où vit un agent immobilier d'Abafim, permaculteur depuis de nombreuses années, avec un hectare de prairie pour ses brebis, des porcs noirs, des poules,

des fruitiers, un potager en mandala, des bassins plein sud, une maison bois, terre, chanvre positive, en plus c'est un ébéniste de génie et un guitariste hors pair !
Comme quoi la permaculture permet de dégager du temps pour l'art, la musique ou l'écriture.
Bref je remercie l'univers de m'avoir mit sur la route de cet ami aujourd'hui, qui nous a trouvé la ferme du premier coup dans les Baronnies, une vallée que je ne connaissais pas, vers Bagnères de Bigorre.
Des forêts, vallonnées, à perte de vues, de Bagnères à Lannemezan, épicentre du Bio du département, à 10min de la ferme, au cœur de la foret, en sommet de colline, sans voisins chimiques, céréalier ou viticulteur.
Une ferme avec deux maisons habitables, un troisième appartement à rénover,

500m² d'atelier, bergerie, laboratoire de transformation, chambre froide négative, jardinerie, dépendances, boutique et salle de formation, entouré de 6 hectares de prairies et 7 hectares de foret, à nous !

Le coup de cœur !

Nous avons visité d'autres ferme, mais rien d'égalable, et puis on s'appel Baron, donc les Baronnies, c'était pour nous !
A partir de là, une année complète de batailles avec les banques, refusé partout notre projet de permaculture était rejeté.

Tous nous disaient, « c'est de l'agricole ? Non merci, allez au Crédit Agricole », le lobby financier agricole de France, avec ses associés de la mafia, la Safer, la MSA et la chambre d'agriculture, étroitement liés à la FNSEA et aux JA pour recruter jeunes.

Vive la confédération paysanne !

Bref, on prépare un projet avec le crédit agricole pour un prêt relais immobilier, refusé, puis en attente, une vente de maison de mes parents, la moitié du cash est assuré après 10 mois de batailles avec la banque.
Enfin nous faisons un prêt sur 15 ans, pour 50% de la valeur de la ferme, nous mettant ainsi à l'abris de la nouvelle loi Macron, de faire payer un loyer aux propriétaires, une fois qu'ils ont remboursé leur crédit immobilier… SCANDALEUX !

Quand la Révolution ?

Nous l'avons commencé à notre échelle en consommant moins, en étant acteur de la décroissance, avec le RSA, nos fruits et légumes Bio, on fait attention, moins d'extras, mais moins de consumérisme, on raisonne les dépenses, on ne gaspille rien, même pas l'eau des toilettes, grâce aux récupérateurs d'eaux de pluies.

Une philosophie de vie permaculturelle, et surtout grâce à ma Flo, qui me reprend sur le tri sélectif, car je suis pas toujours au point, donc merci mon cœur.

On essaie de faire notre propre révolution, à notre échelle, et inspirer, semer des idées autour de nous, inspirer des amis qui vont vivre en yourte, ou une cliente qui va cultiver avec des purins son potager.
Je ne parle pas de nos stagiaires et woofers aux débuts de la ferme, qui nous ont grandement aidé, et avec qui nous avons partagé notre philosophie, notre vie, au quotidien, que nous avons inspiré

j'espère, pour leurs futures cultures, productions d'énergies, auto-constructions, ou toilettes sèches.

Les éco-constructions en Chanvre, sont aussi un sujet qui m'a vraiment intéressé, pour différents aspects, comme l'isolation, le phonique, résistant au feu, aux insectes, aux secousses sismiques, c'est vraiment un matériau de construction indispensable, allié avec la terre.

Très bon isolant donc, pour toiture, doublage mur et au sol, en panneau de laine, rouleaux, bric ou vrac, sans herbicide, insecticides, ou fongicides, c'est un isolant naturel efficace avec une conductivité thermique faible 0.038W/m.k, lui donnant un bon pouvoir isolant, facile à poser, sous forme de panneaux semi rigides, de rouleaux ou en

vrac, pour l'isolation thermique et phonique des murs, des cloisons, des planchers, des toitures et comme calfeutrement.
Avec la chaux et la terre, cela permet de réaliser des dalles isolantes allégées ou des enduits isolants très décoratifs.
La Chanvre en plus absorbe l'humidité et les fumées (cuissons, tabac, cheminée), et restitue aussi l'humidité quand l'atmosphère est trop sèche, sans altérer son pouvoir isolant.
Une bonne protection contre le froid en hiver et la chaleur en été.

La France est le premier producteur Européen de Chanvre ! Cocorico !

La laine de Chanvre (chènevotte, partie fibreuse de la plante) est un matériau issu de fibres naturelles.

Cultivé sur presque 176000 hectares en 1850 pour les besoins de l'habillement, du linde de maison, de la corderie, des calfatages, filets et des voiles marine, ou encore pour l'éclairage grâce à ses huiles ou dans la pharmacopée, le chanvre sera, jusque dans les années 30, un des atouts industriel et économique de la France.

Sa culture comme celle du lin, déclinera à cause des découvertes sur la polymérisation qui donne accès aux matériaux de synthèse.
Peu à peu, le nylon se substituera au profit du chanvre et les polymères synthétiques, issus du pétrole, commenceront à remplir notre quotidien. Mais pas seulement, en 1930, on commence à interdire sa culture du fait de sa teneur en psychotrope, c'est lépoque de la prohibition, comme

l'alcool aux Etats Unis. Dans certains pays, il sera totalement abandonné, dans d'autres comme la France, il résistera aux pressions extérieurs. Sa culture repartira dans les années 1970 et aujourd'hui, sous couvert d'un contrôle de l'état, la France autorise la culture de variétés possédant une teneur en THC réduite, inférieur à 0.2%.

La demande stagne autour de la papétrie spéciale, de la plasturgie, des yaourts avec la production de lait de chanvre sans lactose, des huiles mais aussi depuis peu dans la construction.
En effet, depuis une vingtaine d'année, de nouvelles initiatives ont vu le jour, pour redévelopper la culture chanvre en France, promouvant les avantages de son utilisation dans la construction, en valorisant la chènevotte par exemple comme granulat pour les bétons de

chanvre ou en vrac comme isolant. La fibre, elle, pouvant servir dans les panneaux ou comme laines isolantes.

En 2014, sur 10000 hectares de chanvre récoltés en France, total de 15000 hectares en Europe, un peu plus de 1000 hectares seront utilisés dans la construction, soit environ 10%. On comprend donc qu'avec les cultures déjà existantes en France, il existe un potentiel fort quant à son utilisation dans la construction.

La culture repose sur une agronomie saine et efficace.
Mesurant plus de deux mètres de haut, à feuilles palmées, originaire d'Asie centrale et d'Afrique, elle se cultive en l'absence totale de traitement phytosanitaire car «économe en intrant (100 unités d'azote par hectare contre

160 ou 210 pour le blé). Les paysans apparaissent donc comme des réservoirs pour la biodiversité, elle est favorable aux arthropodes hygrophiles et ombrophiles.

Sa culture permet également de réaliser une rotation des sols, c'est une très bonne tête d'assolement, car celle-ci améliore la capacité en eau des sols en fractionnant ceux-ci en profondeur. Elle laisse donc un sol propre et une terre meuble, étouffant les adventices, parfaite comme préparateur de sol pour une culture céréalière, comme le quinoa ou le riz.

D'un point de vue économique, elle fait partie des plantes qui possèdent un cycle végétatif court, 150 jours étalés en moyenne, du 15 avril au 15 septembre, très productive, pour 1 hectare de culture, on récupère en moyenne 2.5 tonnes de fibres et plus de 4.5 tonnes de chènevotte.

Du Chanvre, on obtient trois produits importants ainsi qu'un sous produit : la fibre, la chènevotte, les graines, et les poudres.

Les fibres, aujourd'hui principalement dans la papeterie, haut de gamme, avec 55% des fibres de chanvre produites, qui assure à la filière sa stabilité. Les fibres sont également utilisées dans l'isolation, environ 25% de la production. Enfin les 20% restants partent dans la plasturgie en venant par exemple remplacé le polyacrylonitile-butadiène-styrènes des tableaux de bord et portières des voitures. Les constructeurs automobiles eux aussi doivent réfléchir à l'amélioration environnementale de leurs voitures. Les Peugeot 408 intègrent maintenant 4kg de fibres de chanvre dans leurs portières et tableaux de bord, pour environ 17000 tonnes dans l'Union Européenne. Quand reviendront nous à la Hemp Car de Fort ?

La chènevotte dont 85% de la production finit dans les litières haut de gamme, pour chevaux par exemple et environ 15% part dans la construction soit pour les bétons et mortiers ou en vrac comme isolant.

Les graines, en majeure partie, partent dans l'oisellerie ou dans la production d'appats pour poisson, environ 5000 tonnes en France, et l'autre partie s'utilise dans l'alimentation humaine. En effet, commencent à apparaitre des produits alimentaires à base de chanvre comme les huiles de chanvre riche en oméga 3 et 6 ou des yaourts.

Les poudres aussi, composées des poussières produites lors de la première transformation mécanique du chanvre, qui est un sous produit, pour l'instant n'ont pas de réelle utilité, si ce n'est dans la production de pellets pour des chaufferies, ou toilettes sèches, représentant environ 1 tonne par hectare.

Selon une autre source, les fibres représentent 35% de la matière récoltée, pour le papier, le textile, l'isolation, la plasturgie, suivi de la chènevotte, 55% de la récolte comme paillage horticole Bio, litière animale, constructions, enduits, bétons, puis les poussières 10% pour paillages bovins, compostage ou chauffage.

Et petit nouveau, les chènevis, pour l'alimentation animale et humaine, les produits techniques, vernis, encre, solvants, hygiène, savon, shampoing, cosmétiques et appâts pour la pêche.

Et je m'intéresse aussi beaucoup au biodiesel de chanvre et bioéthanol de chanvre pour les premiers véhicules avant le pétrole, et bientôt on pourra dire après le pétrole qui est une ressource fossile épuisable, alors que le chanvre non, tout le monde pourra produire son carburant.

Le chanvre est le meilleur biocarburant, avec des changements climatiques, des répercussions de plus en plus évidentes et désastreuses sur notre fragile planète. Incontestablement, les combustibles fossiles sont les plus importants agents

de réchauffement, après les élevages industriels dont nous parlerons plus loin.
La course est lancée pour trouver des solutions de rechange durables à ces ressources limitées qui vont en s'amenuisant. Les biocarburants sont la solution, et le chanvre est le meilleur !
Le biodiesel et l'éthanol à base chanvre, fabriqué avec des céréales, maïs, orge, blé, de plantes sucrières, canne à sucre et de débris végétaux non comestibles. Il est fréquemment utilisé comme biocarburant, mais généralement, il est mélangé avec l'essence. Les véhicules à essence peuvent être alimentés d'un mélange de carburants contenant jusqu'à 10% d'éthanol. Les véhicules polycarburants peuvent fonctionner avec un mélange contenant jusqu'à 80% d'éthanol. Au Brésil, où d'importantes quantités de canne à sucre sont cultivées pour la fabrication de biocarburants,

certaines voitures fonctionnent entièrement à l'éthanol.

Le biodiesel est obtenu à partir d'huile végétale ou de gras animal raffinés, généralement des huiles végétales, et de méthanol. On ajoute souvent au disel régulier du biodiesel dans une proportion de 80% - 20% respectivement, mais certains mélanges peuvent contenir de 2 à 100% de biodiesel. L'avantage pratique du biodiesel est que tout véhicule diesel peut en être alimenté.

Le chanvre, s'il était cultivé en tant que matière première, pourrait entrer dans la fabrication des deux types de biocarburants. La teneur en huile des graines de chanvre se situe entre 30 et 35% de poids total de la graine, ce qui lui confère un rendement de 207 gallons par hectare.

Son rendement est considérablement moindre lorsque comparé à l'huile de palme et de noix de coco, mais représente tout de même le double de celui du colza, de l'arachide, du tournesol, et le quadruple du soja. Les débris végétaux peuvent par ailleurs être utilisés pour fabriquer de l'éthanol dans un procédé de fermentation dans des conditions faibles en oxygène.

Les matières premières les plus utilisées pour fabriquer des biocarburants sont le soja et le maïs aux USA, la canne à sucre en Amérique du Sud, l'huilde de palme en Asie de l'Est et Sud Est, et le colza en Europe. Toutes ces cultures nécessitent de vastes étendues de terre fertile. La production d'huile de palme est responsable de la destruction massive de la forêt tropicale ; la déforestation est alarmante et atteint un taux encore jamais vu, à l'échelle de la planète, mais les gens continuent de se ruer sous les grilles des magasins à l'ouverture quand Nutella fait une promo… Triste époque.

Les pertes d'habitats qu'elle entraine mettent en danger la survie d'un grand nombre d'espèces comme l'orang-outan déjà menacé. Ces matières premières entrainent une déforestation secondaire puisque plus de terres doivent être cultivées afin de produire de la nourriture.

Les cibles en matière de biocarburants que se sont fixées les gouvernements à l'échelle de la planète favorisent les changements climatiques, nuisent à l'approvisionnement alimentaire et ce sont les nations en développement, et non celles qui prospèrent, qui en subissent les conséquences directes.

Le chanvre a l'avantage de pousser dans des sols moins fertiles et sur des terres dites marginales, c'est-à-dire, qui ne sont pas des champs. Cependant, ce n'est que sous des conditions optimales, dans des sols fertiles, que le chanvre produira le plus de graines. Si on devait se tourner vers le chanvre en tant que matière première pour la production de biocarburants, il est fort probable qu'on le cultiverait sur des sols arables, comme toutes les autres cultures utilisées à cet effet, ce qui entrainerait les mêmes conséquences sur le prix de la nourriture.

L'utilisation des terres marginales, comme chez nous dans les Baronnies, cause aussi d'autres problèmes puisque d'abord, elles abritent des espèces qui font partie intégrante de l'écosystème. Ensuite, les terres marginales sont de par leur nature difficilement accessibles ou mécanisables. On ne peut ignorer le fait que la culture, la récolte et le transport du produit récolté à des usines de biocarburants ne sont pas des activités facilement réalisables sur les terres marginales. En outre la récolte et le transport sont deux activités dépendantes des combustibles fossiles, donc, qui génèrent du CO2. Ce facteur doit être pris en compte dans la détermination du potentiel du chanvre de représenter une culture neutre en carbone. En fait ce facteur doit être considéré pour toute culture de matière première.

LA PERMACULTURE ETIQUE ET PRINCIPES

La permaculture se base sur trois points éthiques très simples :

- Prendre soin de la nature
- Prendre soin de l'humain
- Partager

Contrairement à certaines usines à formation, qui en plus des stagiaires se permettent de faire payer des formations hors de prix, à la semaine.

Il y a cela dit, de superbe initiatives pour partager un moment de formation, sur un jour ou deux, comme à Can là haut, à la limite du Gers, ou même chez nous, ou nous pratiquons des tarifs raisonnable, voir même à prix libre, dans notre cas.

En effet, chez nous, nous avons fait le choix de faire les formations à prix libre, par le biais de notre association, « Les Jardins des Echos Logiques, pour rendre la formation accessible à tous.

Revenons-en à nos moutons.

Le premier point éthique donc, consiste à prendre soin de la nature, par nos actions, et nos pensées.

Est-ce que ce que je fais est bon pour la nature ?

C'est la question à se poser, avant chaque action au jardin et même dans la vie de tous les jours, car la permaculture est une méthodologie, cela ne s'applique pas qu'au jardin.

Par exemple, si j'ai des toilettes humides, ne vaut-il pas mieux utiliser de l'eau de pluie pour la chasse d'eau, que de tirer 5 litres d'eau potable, pour évacuer mes déjections ?

Ne vaut il pas mieux que je fasse des toilettes sèches ?

Si je veux occulter ou bâcher une zone du jardin, ne vaut il pas mieux récupérer des vieilles bâches d'ensilage chez un éleveur voisins, plutôt que prendre du neuf ?
Et du coup faire tourner l'industrie du pétrole…

Ce sont des exemples parmi tant d'autres.

Le second point éthique, consiste à prendre soin de l'humain, car il faut savoir que pour les projets en permaculture, que 80% des échecs de projets, vient du facteur humain.

Le PFH (Putain de Facteur Humain) comme on dit dans le milieu permacole.

En effet, surtout dans les projets collectifs, car en général en permaculture, on s'entoure d'associers, il faut savoir gérer le collectif.

C'est pour cela qu'il faut savoir gérer la communication, avec des temps et des espaces propices à cela.

Par exemple, une réunion hebdomadaire, le lundi matin, pour planifier la semaine, puis un temps plus court, chaque matin, pour attribuer les taches de chacun, au jour le jour, et ne pas se marcher sur les pieds, en etant trop nombreux sur une même tache.

Le dernier point éthique, consiste à partager tout simplement.

Partager les surplus de production par exemple, avec les proches, ou même avec Emaüs, ou les restos du cœur dans notre cas.

On peut aussi partager du temps, à travers les formations, les débats et les conférences.

Partager à travers le troc aussi, avec les voisins, ou les stagiaires, en leur offrant le gîte et le couvert, ou juste des connaissances.

Sur les réseaux sociaux, vous pouvez aussi partager ce que vous faîtes au jardin de temps en temps.

Il y a tellement de façon de partager, que j'y passerai la journée, si je voulais détailler…

PARTAGEZ !!!

PRINCIPES

Les principes sont nombreux et ne s'appliquent pas qu'à l'agriculture.

Cela peut être à l'échelle d'un jardin, d'un balcon, ou même dans votre travail au quotidien.
C'est plus une méthodologie, que de simples principes, mais ça peut être compliqué à comprendre, étant donné qu'il existe plusieurs sons de cloches à ce niveau là.

Déjà rien qu'entre Bill Mollisson et David Holmgren, il y a des divergences d'idées.

Pour Bill Mollisson, il y a 9 principes, qui sont :

- Prévoir l'efficacité énergétique de notre design (éviter de perdre de l'eau, utiliser des sources d'énergie respectueuse de la Terre, limiter les énergies fossiles)
- Emplacement relatif (faire en sorte que les éléments interagissent et coopèrent entre eux, comme une maison, une route, une marre, un arbre…)

- Circulation d'énergie (les énergies circulent et sont recyclées sur le lieu, tant les carburants que le travail apporté !)

- Effet de bordure (zones à privilégier, bénéficiant des apports des systèmes qui les composent et possédant des caractéristiques singulières supplémentaires. Observez la bordure entre un lac et la terre ferme, ou entre une haie et une prairie, vous comprendrez)

- Chaque élément doit avoir plusieurs fonctions (chaque élément du système doit avoir une multitude d'utilisation, comme la poule qui fait des œufs, nettoie le pied des arbres limitant les ravageurs, on peut aussi manger la poule, et utiliser son plumage, ou encore placer le poulailler collé à une serre, pour profiter de la chaleur des poules, sans chauffer la serre avec une autre énergie)

- Chaque fonction est remplie par plusieurs éléments (La redondance est la clé pour la stabilité du système. Par exemple avec un chauffage solaire on va doubler avec un chauffage d'appoint, comme un insert ou un poêle de masse)

- Travailler avec la nature plutôt que contre elle (laissez certaines plantes sauvages au lieu de tout désherber, ou ne pas travailler le sol plutôt que labourer, ou ne serait ce biner, plutôt utiliser un outil comme la grelinette pour décompacter et faire entre l'air et l'eau.)

- Faire de petits efforts pour le plus grand changement (limiter de désherbage encore, utiliser la grelinette, associer fruits et légumes sur le même emplacement, …)

- Le problème est la solution ! (pour vos déjections de toilettes sèches par exemple, prévoir un emplacement de compostage à part, ou encore si vous avez une zone ombragé, y installer des plantes de mi-ombre, plutôt que s'obstiner à y mettre des variétés de plein soleil, comme les solanacées.)

David Holmgren quant à lui, a évoqué 12 principes :

- Observer et interagir en fonction (zone d'ombrage, course du soleil, effets de bordures…)
- Capter et stocker l'énergie (récupérateurs d'eau de pluie pour l'irrigation par exemple, ou panneaux photovoltaïque de récup, bâches d'ensilage de récup aussi pour occulter, …)

- Obtenir une production (végétale, animale, transformations, tourisme,…)

- Appliquer l'autorégulation et accepter la rétroaction (accepter les ravageurs si un carré semble trop en monoculture par exemple, pour réfléchir à un autre design l'année suivante, ou encore prévoir des filets sur les arbres si trop d'oiseaux vous piquent les fruits.)

- Utiliser et valoriser les ressources et les services renouvelables (Chez nous par exemple, profiter de la forêt à l'automne, au niveau des chemins en balayant les feuilles qui serviront de paillage pour les cultures.)

- Ne produire aucun déchet (éviter les emballages, savoir recycler, …)

- La conception, des grandes structures au détail (Niveau design, prévoir d'abord une zone de culture grossièrement, puis affiner ensuite en détaillant les variétés.)

- Intégrer au lieu de séparer (On revient sur l'idée du poulailler collé à une serre pour la chauffer grâce aux poules la nuit.)

- Utiliser des solutions lentes et à petite échelle (commencer petit, observer, puis aviser ensuite si on agrandi, si on déplace, …)

- Se servir de la diversité et la valoriser (si vous avez des pollinisateurs, leur prévoir des hôtels à insectes, ou des nichoirs pour les oiseaux, ou les chauves souris.)

- Utiliser les bordures et valoriser la marge (on peut parler encore ici de l'effet de bordures, avec un point d'eau ou une haie.)

- Face au changement, être inventif (par exemple pour ma part, avec le réchauffement climatique, j'ai commencé à prendre des variétés d'agrumes et de fruits exotiques, qui donneront plus tard avec la chaleur.)

Voilà donc les principes des deux fondateurs de la permaculture.
Vous pouvez les appliquer aussi bien en ville, à la campagne, et dans notre cas, à la montagne.

Rien n’est figé, ce ne sont que des pistes de réflexion pour obtenir un système viable et résiliant, voir auto fertile.

NUTRITION

L'alimentation, le sommeil et la respiration sont les éléments primordiaux à notre vie et notre santé.
Malheureusement, au fil des millénaires, l'homme a perdu son instinct de conservation au profit de la consommation.

Et si nous revenions aux origines de l'humanité ?

Observez les animaux sauvages qui ne se nourrissent que de ce qui est bon pour leur survie, et savent choisir d'instinct une alimentation adaptée à leurs soucis de santé.

Nous venons nous aussi du règne animal et avions ce même instinct, en plus de notre intelligence qui nous a permis d'améliorer nos conditions de vie à travers les âges, accumuler les connaissances nécessaires au bon usage des végétaux, et animaux, pour se nourrir, se soigner, s'abriter, s'habiller et jusqu'à créer des biocarburants.

Nous avons délaissés des milliers d'années de savoir au profit d'une industrie capitaliste froide, ne se souciant pas de notre santé mais tirant plutôt bénéfices de nos maladies, causées par les produits avec lesquels ils arrosent notre nourriture...

En plus de détruire notre santé, ils détruisent aussi celle de l'environnement, car le modèle agricole conventionnel nécessite la destruction des zones humides et autres écosystèmes naturels avec la déforestation, pour y implanter d'immenses monocultures et pâtures, transformant des forêts luxuriantes en déserts arides et gaspillant toujours plus d'eau.

Actuellement, l'agriculture mondiale cultive suffisamment de nourriture pour nourrir 12 milliards d'êtres humains, mais plus de 800 millions de personnes souffrent de la faim...

Nous préférons nourrir du bétail pour un plaisir gustatif de quelques secondes, et laisser mourir 3 millions d'enfants de moins de 5ans chaque année...

C'est un tableau plutôt sombre que nous vous dressons de la société actuelle, mais il est temps que les gens prennent conscience de la réalité et que nous assumions nos choix, impactant sur les populations démunies ainsi que sur l'environnement que nous laisserons à nos enfants.

Si vous êtes conscient de cela, alors assoyez-vous, et préparez vous à découvrir certains dessous de notre alimentation "moderne".

Hippocrate Père de la médecine disait :

« Que ton aliment soit ta seule médecine ! »

« C'est la nature qui guérit les malades ! »

Le Sucre

Un fléau pour la santé

La consommation de sucre dans les pays avancés atteint des niveaux inquiétants qui
ne sont pas sans incidences sur la santé.
La responsabilité du sucre dans l'épidémie
de diabète est fortement soupçonnée.

L'addiction serait huit fois plus importante que celle de la cocaïne

En France, la consommation moyenne de sucre est de 40 kilos par personne et par an,
environ 110 g de sucre par jour (trois fois la consommation du début du XX° siècle).

C’est le double de la portion recommandée (environ 50 g). Ce chiffre élevé est une moyenne,
certaines personnes absorbant des quantités encore plus élevées. Presque la moitié de ces
sucres se cache dans les boissons, les confitures, les desserts industriels
(on parle de sucres ajoutés).

Le début du diabète et des ennuis.

Les effets sur le moyen-long terme d’une prise de sucre excessive ne sont pas anodins. Pendant des années, le pancréas travaille et sécrète de l’insuline pour gérer l’afflux de glucose et le stocker. A force, cet organe peut s’épuiser, estiment certains nutritionnistes, ou bien le métabolisme devient résistant à l’insuline et ne transforme plus le glucose en énergie. Le taux de sucre dans le sang se

met à augmenter en permanence (hyperglycémie). C'est le début du diabète (diabète sucré, dit non insulinodépendant) et des ennuis : maladies cardiovasculaires, hypertension, insuffisance rénale, perte de la vue (cataracte), atteintes du système nerveux…
(cf.

"Nos systèmes alimentaires rendent les gens malades", voilà les mots d'Olivier de Schutter, rapporteur de l'Organisation des Nations Unies (ONU) sur le droit à l'alimentation. Car l'obésité provoquerait la mort de 2,8 millions de personnes chaque année dans le monde et une personne sur sept serait en surpoids. En première ligne des victimes, les habitants des pays riches mais aussi les population des pays en développement, de plus en plus touchées.

L'industrie alimentaire qui entretient la dépendance au sucre est la principale responsable du fléau de l'obésité qui ronge entre autres les Etats-Unis, dénoncé dans le documentaire "Fed Up" sorti en 2014.

Citation de Gandhi concernant le Gula java:

"Le sucre (sucre de canne et sucre de betterave raffinés) passe directement dans le sang,
accroît le taux de glycémie, et trop de sucre est converti en graisse. Le Gula java (sucre de
fleur de coco/ sucre de palme) est moins rapidement assimilé par le corps, ce qui provoque
donc une augmentation moins rapide du taux de glycémie. »

Les Produits Laitiers

Mensonges et propagandes

On nous vante les mérites du lait depuis au moins 50 ans, tout à commencé avec la distribution du verre de lait dans les écoles qui a été instituée par Pierre Mendes France en 1954, depuis cette date, le calcium et les produits laitiers ont été glorifiés à un tel point qu'il parait nécessaire aujourd'hui d'avoir sa dose de lait dès sa plus tendre enfance. Je vous livre les quelques slogans dont on nous a matraqué le cerveau pendant des années et encore actuellement pour certains d'entre eux :

« Les produits laitiers sont nos amis pour la vie »
« Les produits laitiers, des sensations pures »

« Bio au bifidus actif – Renouveller son corps de l'intérieur »
« Actimel renforce vos defenses naturelles »
…. etc …. etc …. etc ….

Si ces produits étaient si bon pour l'organisme, pourquoi les occidentaux qui sont les plus gros consommateurs de lait, sont aussi les victimes du plus gros taux d'ostéoporose dans le monde ?

Comme toujours, les études sont favorables aux produits laitiers qui ne lui voient que des points positifs car ce sont en majorité des études financée par l'industrie laitière. Comment faire confiance à ce genre d'étude ? Comment faire confiance à ces scientifiques ou médecins qui se « vendent » au service des lobbies alimentaires et plus

particulièrement dans ce documentaire, des lobbies laitier ?
Une vidéo valant mieux qu'un long discours, je vous invite à visionner : Lait, mensonges et propagande par Thierry Souccar.
(cf. http://www.notre-ecole.net/lait-mensonges-et-propagande-par-thierry-souccar)

Le Régime Omnivore

Une alimentation opportuniste

C'est un régime alimentaire, plus ou moins opportuniste, qui facilite l'adaptation et la survie de l'espèce, avec des tendances variables selon les espèces, les lieux, les saisons ou les individus.

Le Renard roux est par exemple un omnivore opportuniste, à tendance carnivore.
Le Hérisson commun est un omnivore à tendance insectivore.
Certains reptiles consomment aussi à la fois des arthropodes et des végétaux, mais parfois de petits reptiles ou mammifères.
De nombreux poissons sont omnivores dont le poisson rouge et la carpe koï.

Spontanément, l'Homme (Homo sapiens) était et reste un omnivore opportuniste à tendance végétarienne dont la part de protéines animales admise dans la ration alimentaire varie selon les civilisations. En effet, son système digestif est capable de consommer aussi bien des protéines animales que végétales même si la base de son alimentation est principalement constituée de produits végétaux : racines, feuilles, fruits, graines... Toutefois, ses goûts propres, les famines, les modes, les convenances sociales, les connaissances scientifiques ou les croyances peuvent influencer ses choix, en particulier en ce qui concerne les sources de protéines.

Quelques omnivores :

- Mammifères : Opossum, Kangourou roux, ours, porc, écureuil, rat, sanglier, etc.
- Oiseaux : Canard colvert, poule, Grand Corbeau, etc.
- Insectes : Blattes, sauterelles, etc.
- Poissons : Requin-baleine, Poisson rouge, Silure, etc.
- Crustacés : Écrevisse de Louisiane, Langoustine commune, etc.
- Amphibiens : Grenouille-taureau, etc.

Le Soja

Avec modération...

Consommé depuis plus de 9000ans en Asie, la culture du soja importée chez nous est en expansion depuis de nombreuses années, et a un impact important sur l'environnement.

Cette plante oléagineuse est cultivée principalement aux États-Unis, au Brésil, en Argentine et en Chine.

Plus des deux tiers des cultures de soja sur la planète sont génétiquement modifiées. Le soja OGM est largement utilisé, car il résiste mieux aux insectes parasites. Cependant, le soja OGM nécessite plus d'engrais et contribue à la pollution des terres. En Amérique du Sud, et plus particulièrement au Brésil, de nombreuses plaintes contre les cultures de soja sont enregistrées chaque année. Les réglementations ne sont pas respectées, et les cultures de soja sont installées trop près des habitations. Les pesticides utilisés pour la culture du soja OGM provoquent des maladies.

La culture intensive du soja détruit l'environnement, et est responsable de nombreuses déforestations. Au Brésil par exemple, elle provoque la déforestation de la forêt amazonienne, la pollution des rivières et des fleuves. L'utilisation de pesticides menace plusieurs espèces d'insectes, la pollution des eaux provoque la mort de nombreux poissons et crée un déséquilibre de l'écosystème.

Au niveau de la santé, en 1997, dans le magazine médicale britannique (The Lancer), on retrouve une étude qui démontre qu'il suffit de deux verres de lait de soja par jour pour perturber les cycles menstruels ! De plus chez les enfants testés avec ces deux verres de lait de soja, la concentration des isoflavones serait 20 000 fois plus importante que la concentration normale d'œstrogène !

Le soja non fermenté est chargé des toxines suivantes :

Les isoflavones font partie de la famille des phyto-estrogènes, des substances végétales proches
des hormones féminines (estrogènes) qui ne constituent pas des hormones bien qu'elles agissent
sur certains récepteurs hormonaux du corps, d'où la polémique sur la féminisation des gros consommateurs de soja.
Elles peuvent empêcher l'ovulation, favoriser l'apparition de cellule cancéreuses et l'hypothyroïdisme
dont les premiers symptômes peuvent être la léthargie, la constipation, la prise de poids et la fatigue !
Des études ont aussi montré a contrario que les isoflavones pouvaient être à l'origine de la plus faible

fréquence des maladies cardiovasculaires en Chine et au Japon du fait de la consommation de protéines
de soja dans ces pays (environ 50 g par jour).

Les phytates sont des facteurs diminuant l'absorption intestinale des minéraux.

Les facteurs anti-trypsiques ou antinutritionnels sont des facteurs inhibant la digestion des protéines.

Le fait que les chinois mangent du soja en quantité depuis des millénaires est un mythe. Ils n'en mangent qu'en petite quantité depuis la dynastie Zhou (1134 /234 av J.C)… Lorsque justement ils ont découvert une manière de le faire fermenter. Cette fermentation neutralise les toxines qui se trouvent dans les graines. Par ailleurs, les Chinois et les

Japonais utilisent surtout le soja comme condiment et non pas comme remplacement des protéines animales. En plus de ne pas être fermentés, les aliments modernes à base de soja dénaturent les protéines et augmentent le taux de carcinogènes … Selon le Dr Mary G. Enig (présidente de l'association des nutritionnistes du Maryland), Un bébé nourrit avec du lait maternisé à base de soja reçoit l'équivalent en phyto-œstrogène de ce que l'on recevrait si on ingurgitait 5 pilules contraceptives par jours ! Le mythe des protéines ! Il y à des protéines quasi partout ! Alors finit le "mange ta viande"…

Les seuls produits qui semblent sans danger sont à base de soja fermenté : Miso, Tempeh, Natto, et le Tanari …

Il faut donc en faire une consommation modérée, uniquement sous forme traditionnelle et biologique. Et surtout, il convient d'éviter au maximum tous les aliments industriels qui contiennent cachés des extraits de soja génétiquement modifié.
Si le consommateur se retrouve bien désemparé, il y a pourtant une solution : revenir à des pratiques alimentaires traditionnelles basées sur l'autosuffisance (un terme cher à Gandhi), en privilégiant les variétés anciennes de légumineuses, sources de protéines de nos ancêtres.

L'Alimentation Vivante

Végétarisme, végétalisme, crudivorisme...

Cette alimentation était pratiquée il y a plus de 2 000 ans par les Esséniens, dont les membres, dit-on, pouvaient vivre jusqu'à 120 ans.

C'est un mode de vie qui se rattache à un mouvement plus vaste, le crudivorisme, mouvement qui comprend plusieurs sous-groupes : les granivores (consommer surtout des graines), les frugivores (surtout des fruits), les instinctos (consommer les aliments, dont des produits animaux, sans les mélanger), les liquidariens (presque uniquement des jus), et les adeptes de l'« écologie alimentaire » (consommer cru, mais de tout, y compris viandes et insectes). Le point commun de tous ces régimes alimentaires est que les aliments sont consommés majoritairement crus ou en totalité.

Les objectifs

- Favoriser l'élimination des déchets accumulés dans l'organisme.
- Prévenir certaines maladies, les guérir ou en alléger les symptômes : cancers, arthrite, troubles de digestion, diabète, maladies cardiovasculaires, etc.
- Vivre plus longtemps en bonne santé.

En alimentation vivante, on favorise les aliments crus, de préférence biologiques et alcalisant, qui n'ont subi aucune transformation, exception faite de la germination et de la fermentation. La cuisson à une température plus élevée que 40 °C (104 °F) est à éviter. Bien que ce régime soit habituellement végétalien, ne comprenant aucun aliment du règne animal, certaines variantes de ce régime incluent le poisson (végétariens).

Dans cette pratique, on adopte la plupart du temps le principe des « combinaisons alimentaires », qui consiste à ne pas mélanger certains groupes de nutriments, par exemple les protéines avec les féculents, ou les fruits sucrés avec les fruits acides.

Généralement les individus s'alimentent selon leurs habitudes alimentaires, leur croyance, leur culture acquises lors de l'enfance et ce qu'ils pensent connaître concernant les besoins alimentaires du corps humain. L'alimentation a une influence certaine sur notre santé. Beaucoup de personnes ont déjà compris qu'une mauvaise alimentation entraîne des conséquences néfastes pour leur santé. De nos jours, le nombre d'individus touchés par des pathologies graves comme les cancers, les maladies cardio-vasculaires, les maladies respiratoires, les diabètes, les maladies auto-immunes, les problèmes rhumatismaux et articulaires... est en augmentation.

Le rapport Campbell est accablant :

près de la moitié de la population souffre d'un problème de santé nécessitant la prise hebdomadaire de médicaments sous ordonnance, et plus de 25 % souffre d'un cholestérol trop élevé ! La prise de médicaments se fait rarement sans effets secondaires même si ceux-ci ne sont pas immédiats.

Nos cellules sont faites de ce que nous mangeons. Pour que notre corps puisse se construire lors de la croissance ou se conserver au fil des ans, il est préférable de lui fournir des aliments sains, frais, vivants, riches de l'énergie solaire qu'ils ont emmagasinée, nécessaires pour créer et régénérer nos cellules plutôt que les poisons de l'alimentation industrielle.

La consommation régulière d'aliments vivants aide généralement à se maintenir en bonne santé en conservant son dynamisme, ses facultés physiques et mentales, à retrouver la santé, à alléger les symptômes des maladies ou à les guérir.

Observons le côté anatomique de la chose.

Nous sommes constitués comme les grands singes, dentition, reins, intestins...

Aux origines, l'humain était un simple cueilleur, grâce à ses mains dotées d'un pouce opposable.

Nous n'avons pas de griffes ou de crocs comme les carnivores, mais nous sommes tout de même devenus chasseurs, ou plutôt des omnivores opportunistes, consommant des aliments qui ne sont pas adaptés à notre système digestif, pour notre survie.

La surconsommation de viande...

Les carnivores ont aussi de plus gros reins que nous, car la digestion de la protéine animale génère de grandes quantités d'acides uriques, qui dans notre cas fatigue nos petits reins, jusqu'à provoquer la goutte, des calculs rénaux, des cancers ou nous condamner à rester branché à une machine de dialyse.

La longueur du canal intestinal est aussi un point important,
car celui des carnivores est 4 fois moins long que le notre, pour la proportionnelle, de manière à évacuer rapidement les
déchets issus des chairs animales en décomposition, qui
finissent chez nous par tapisser nos parois intestinales de

résidus de cadavres avec leurs bactéries putréfactrices,
leurs maladies infectieuses, entrainant sur le long terme tous
les cancers de l'appareil digestif connu à ce jour, de la prostate,
des ovaires, des poumons, du pancréas et du sein
y sont aussi associés, 90% des cas d'intoxications alimentaires,
l'hypertension, les attaques cérébrales, le diabète de type 2,
l'ostéoporose, l'hypercholestérolémie et, nouvelle maladie du
siècle pour les pays développés, l'obésité. L'étude de référence,
le China Project qui a suivi la santé de 800 000 Chinois,
a démontré que ceux qui mangent de la viande développent

aussi plus de maladies chroniques que ceux qui n'en consomment pas.

A consommer donc avec modération et en connaissant surtout provenance !
Il y a forcément un éleveur bio ou des chasseurs, respectueux des animaux, autour de vous, en mesure de vous fournir une viande de qualité, sans antibiotiques, qui a vécu dans de bonnes conditions.

A.W. Nelson, bactériologiste annonce que :
« les bactéries des viandes sont de nature identique à celles du fumier frais et elles sont plus nombreuses dans

certaines viandes que dans le fumier. Toutes les viandes sont infestées de bactéries au cours de l'abattage et leur nombre augmente avec le temps de conservation de la viande ».

Bon appétit !!!

L'Elevage intensif est la première cause de destruction de l'environnement.

Pour produire un kilo de viande, il faut 7 kilos de céréales, et 15500L d'eau dans le cas du boeuf.
Pour répondre à cette demande, il est possible d'augmenter la surface des terres cultivées, mais à quel prix ?
Déforestation, monocultures intensives, utilisation de pesticides, d'OGM, destruction d'écosystèmes et perte de biodiversité...

Greenpeace affirme que l'élevage bovin est responsable à 80% de la destruction de la forêt amazonienne, subventionné à hauteur de plusieurs milliards chaque année par les différents gouvernements.

Selon l'ONU l'élevage intesif est responsable de 51% des émissions de CO2, contre seulement 13% pour tous les transports confondus, mais c'est à nous de culpabiliser et cesser d'utiliser nos véhicules.

La commission européenne déclare que l'élevage est responsable de 64% des émissions d'ammoniac, une des principales causes des pluies acides. Les précipitations s'acidifient au contact de l'ammoniaque présent dans l'air (gaz très soluble dans l'eau), perturbent la photosynthèse et détruisent les éléments nutritifs du sol causant le dépérissement forestier et l'altération des systèmes hydrologiques où on observe une réduction et une disparition d'espèces aquatiques, très sensibles au changement d'acidité.

Mais ce n'est pas tout, l'élevage est la plus grande source sectorielle de polluants de l'eau : principalement les déchets animaux, les antibiotiques, les hormones, les produits chimiques des tanneries, les engrais et les pesticides utilisés pour les cultures fourragères, et les sédiments des pâturages érodés.

Nous pourrions aussi parler des conditions intolérables de la majorité des élevages, maltraitant, mutilant les animaux, et réduisant leur espérance de vie pour garnir nos assiettes (les veaux sont abattus entre 1 et 24 mois alors qu'ils ont une espérance de vie allant jusqu'à 20ans).

Pourquoi continuer de cautionner l'élevage intensif responsable de tous ces maux,

consommant l'équivalent de l'alimentation de 5 milliards d'êtres humains, alors que des

enfants meurent encore de faim au XXIe siècle ?

Sommes nous aussi intelligent et civilisé que nous le prétendons ?

La Naturopathie
Médecine digne d'Hippocrate

Le mot naturopathie vient du latin NATURA et du grec PATHOS qui signifient étudier et supprimer le mal à l'aide des moyens que nous offre la nature ! Il vient également de deux mots anglais NATURE et PATH qui expriment la voie, le chemin de la santé à travers l'observation, l'étude et la pratique des lois naturelles.

Selon le Dr Guy Giraud, la naturopathie serait la médecine la plus ancienne et celle dont nous aurons le plus besoin dans les temps à venir !

A partir de 1935, en France, elle fut enseignée par Pierre Valentin Marchesseau. qui dit que toutes nos souffrances, toutes nos misères, tous nos conflits et toutes nos maladies ont leurs racines dans l'ignorance et le non respect des lois de la vie.

A l'époque de la Chine antique, pour qui la santé était le bien le plus protégé, le médecin était rétribué pour protéger la santé de ses habitants et devait soigner gratuitement ceux qu'il n'avait pas su protéger de la maladie.
A cette époque la médecine était une médecine de santé et ce fut l'âge d'or de la Chine !

Alors que la médecine actuelle qui ne cherche qu'à supprimer les symptômes de la maladie, sans jamais se demander et modifier ce qui les a provoqués, ne peut faire que des maladies de plus en plus graves et de plus en plus difficiles à guérir.

Raison pour laquelle, il semble nécessaire, voire indispensable de retrouver le "Bon sens"
Celui de la vie et de tous ses bienfaits!

Lorsque nous venons au monde, la première chose que nous faisons n'est-elle pas de respirer?
Et de suite après, les yeux encore fermés, ne cherchons-nous pas le sein de notre mère?
Et ensuite ne nous endormons-nous pas pour digérer ce divin nectar dont nous éliminerons les
résidus à notre réveil?

Ce qui voudrait dire que les lois auxquelles nous sommes soumis sont:

la première, la respiration,
la deuxième, l'alimentation,
la troisième, le sommeil,
la quatrième, l'élimination.

Ces quatre lois de base respectées nous permettront d'aimer, de penser et d'agir pour notre plus grand bien et celui de tous, et de faire de notre vie une vie en pleine santé, heureuse et réussie.

Ces quatre lois de base non respectées feront de notre vie, une vie de souffrances, de conflits, de frustrations, de misères et de maladies sous quelque forme que ce soit! D'où l'immense intérêt de les retrouver et de les respecter pour vivre en pleine santé, heureux et créatif !
C'est aussi simple que cela !

Seulement voilà, aussi simples que soient ces lois, il faut bien admettre que nous respirons du bout du nez, juste assez pour ne pas mourir et en plus,

de l'air de plus en plus pollué. Ensuite, que notre alimentation n'a rien à voir avec celle que la nature a prévue pour notre fonctionnement. Ce qui fait que notre sommeil n'est pas aussi réparateur qu'il le devrait et que l'élimination de nos résidus alimentaires laisse souvent à désirer.
(cf. http://www.santenaturopathie.com)

Les symptômes nous poussent ainsi vers la médecine "moderne", qui ne fait qu'éteindre les voyants rouges, plutôt que d'essayer de corriger la cause de nos troubles, et nous prescrivent d'autres soins traitant les symptômes, ou de la chimie pharmacologique.

Nous sommes aveuglé par un système basé sur le profit issu de la consommation, de la destruction de l'environnement, jouant avec notre santé pour faire fructifier la pharmacopée, nous tuant à petit feu, et nous maintenant dans un état léthargique, dans des maisons de retraites, amenant toujours plus de profits à leur système de « santé ».

Prenez conscience de cela, pensez à votre capital santé, à celui de vos enfants, à ceux qui n'ont rien à manger, à l'environnement et à la planète que nous laisserons derrière nous.

Voulez vous que l'on se souvienne de nous comme la génération qui a détruit la Terre, ou comme la génération qui a éveillé les consciences, qui a su reprendre les choses en main ?

ECO-CONSTRUCTION

Le Walipini (ou Walipinas)

C'est donc une serre souterraine (un mot indien Aymara, pour « lieu chaleureux ») qui vous permettra de jardiner toute l'année et ce, même en période de grand froid.

On appelle cela le Walipini ou Walipinas. C'est une alternative efficace et abordable aux serres traditionnelles qui se trouvent en surface. Elles ont été développées dans les années 80 en Amérique du Sud pour la culture en région montagneuse.

La serre est creusée dans le sol, bénéficiant ainsi d'une bonne isolation thermique avec l'air extérieur. Le toit de la serre est incliné perpendiculairement à la hauteur du soleil au solstice d'hiver afin de maximiser l'apport de lumière en saison froide

Les agriculteurs, où qu'ils se trouvent sur la planète, ont tout à fait la possibilité de maintenir un potager productif et cela, 365 jours par an, même dans les climats les plus froids

Il est conseillé de fabriquer les parois en matériaux naturels suffisamment denses afin d'absorber de grandes quantités de chaleur. Cela peut être des pierres ou de la terre crue. Les légumes qui craignent particulièrement le froid comme le brocoli, le chou ou bien encore la laitue pourront pousser tranquillement dans votre serre souterraine pendant l'hiver car le vitrage (bache ou plycarbonate) créera un effet de serre.

Une alternative beaucoup plus abordable et efficace aux serres en verre justement, également connu comme serre souterraine ou à ciel.

Il est cependant nécessaire de faire très attention de construire votre serre à au moins 1,5 m au-dessus d'une nappe phréatique.

La Yourte

Une yourte (yurta à l'origine) est l'habitat traditionnel (tente avec une ossature démontable en bois recouvert de feutre) de nombreux nomades vivant en Asie centrale, notamment les mongols et turkmènes.
Elle est particulièrement utilisée au Kirghizstan, au Kazakhstan au Karaka lpakistan mais aussi au Turkménistan,

en Afghanistan, en Iran, en Ouzbékistan et bien sûr en Mongolie. L'étymologie du mot est d'origine turque yurt.

C’est une habitation familiale, comprenant une pièce unique autour d’un poêle. On y trouve plusieurs lits qui servent de sièges pendant la journée, armoire et/ou commode, une table basse où est posée la nourriture. La seule ouverture est la porte d'entrée, à l’opposé de laquelle se trouve traditionnellement le lit du chef de famille.

Elle est facilement montable et démontable en quelques heures ce qui en fait un habitat de choix pour les nomades qui se déplacent fréquemment d'un lieu de pâturage à un autre. Il existe également des yourtes sur chariot, le chariot peut alors être tiré par des bovins pour éviter de la démonter. Ce type de yourte est davantage utilisé par les grands chefs de clans.

La yourte comprend aussi une ouverture dans sa partie supérieure pour permettre d'évacuer les fumées et d'éclairer l'ensemble. La taille des yourtes est conditionnée par le nombre de « murs » (khana) ou treillis en bois. La taille standard est une yourte de cinq murs pour un diamètre de 5,80 m, une hauteur maximale de 2,30 m et minimale de 1,50 m. En plus de ces cinq murs (XanTai), la yourte est composée d'une porte (Xalag ou haalga), d'une couronne ou clef de voûte (thoone ou toono), de 81 perches (hunnu) formant la charpente soutenue par deux piliers (bagana), d'une ou deux couches de feutre (esgui), d'une toile imperméable (berdzine) en coton.

Les yourtes, d'une manière courante, peuvent avoir de deux à douze murs soit de 9 m2 à 122 m2, avec mezzanine.

Afin d'assembler la yourte, les sections murales sont dépliées et attachées ensemble pour former un cylindre. La porte est alors attachée à l'armature ainsi formée grâce à des sangles courant le long des murs. Ensuite, le toit est fixé aux deux poteaux de support et est élevé au centre de la yourte. Les branches sont alors emboîtées entre le cadre de toit et les murs. Plusieurs grands morceaux de feutre sont attachés ensemble à l'extérieur de la yourte pour l'isolation et, finalement, elle est couverte d'une coquille en coton blanche. La yourte moderne a l'avantage de garder la chaleur l'hiver, en raison des propriétés d'isolation excellentes du feutre, et d'être très facilement transportable. Une yourte peut être montée ou démontée en seulement 30 minutes.

Les Toilettes Sèches

Les toilettes sèches, aussi appelées toilettes à compost, toilettes à litière (sèche) ou TLB (Toilettes à Litière Biomaîtrisée), sont des toilettes qui n'utilisent pas d'eau. Il est donc possible de récupérer les excréments pour en faire du compost ou de la biométhanisation.

Il en existe deux types principaux, celles où les selles et l'urine sont mélangées (la fermentation commence dans le logement) et celles où elles sont séparées (le compostage est initié une fois le bac à crottes sorti). Le terme plus compliqué de "Toilette à Litière Biomaîtrisée" identifie le fait que ce type de modèle permet le contrôle de la réaction chimique de dégradation des urines et des fèces, grâce à l'ajout de matière ligneuse (litière). Le professeur Orszagh a réalisé des études à ce sujet durant de nombreuses années et créé un site où il en publie les résultats.

Dans les pays occidentaux, environ 35 % à 40 % de l'eau potable passe à l'égout, principalement dans les zones urbanisées, la fosse septique étant plus courante dans les zones rurales. L'intérêt des toilettes sèches, outre le fait de ne pas utiliser d'eau du tout, est aussi de recycler/valoriser des matières qui habituellement sont rejetées à l'égout et nécessitent des opérations d'épuration des eaux usées. Des toilettes sèches d'abord utilisées pour les refuges et zones isolées ont été adaptées pour des festivals regroupant plusieurs dizaines de milliers de visiteurs, et y ont rencontré de franc succès. Il suffit de prévoir des panneaux explicatifs, l'entretien nécessaire et un peu de surveillance. Elles deviennent ainsi une alternative raisonnable aux toilettes chimiques.

Avantages

- Économie d'eau : les toilettes sèches comme alternative à la chasse d'eau évitent le gaspillage de trois à douze litres d'eau potable à chaque utilisation.
- Respect du cycle de l'eau : les selles se dégradent mal dans l'eau. Les bactéries et substances chimiques que nous rejetons nécessitent un traitement plus long pour être aussi inoffensives que l'eau grise (eau de lavage). Donc la chasse d'eau des WC

augmente considérablement la charge des stations d'épuration en volume et en puissance. Dans le cas d'un traitement par bassins plantés (lagunage) des eaux grises, l'usage de toilettes sèches permet de diminuer le nombre de bassins successifs et de simplifier le traitement, le rendant accessible aux maisons individuelles.

- La constitution d'une ressource naturelle
  - Soit sous la forme d'un amendement organique de qualité à partir des déjections permettant de restituer à la terre les éléments qu'on en a retirés. Ceux qui cultivent un jardin trouvent directement une utilisation à leur compost, sinon un voisin jardinier ou cultivateur pourra en tirer parti.
  - Soit sous la forme matière organique à biométhaniser, c'est-à-dire, produire

un (bio-)gaz qui sera valorisé pour produire de l'électricité ou du chauffage ou les deux (cogénération). Il existe aussi des cas où le gaz alimente un parc automobile adapté.

- Absence de bruits générés par la chasse d'eau et pas de problème de gel dans le cas de toilettes extérieures dans les pays froids.
- Pallier des problèmes d'épidémies (problème très important dans les pays en voie de développement où les populations utilisent des latrines qui contaminent les nappes phréatiques).
- Réduction des problèmes d'eutrophisation : éliminés par des toilettes à eau traditionnelles, les selles et urines libèrent des quantités importantes d'azote de phosphore dans l'eau, participant ainsi de manière

sensible à la dégradation des écosystèmes aquatiques.

- Réduction des pertes de phosphore pour les écosystèmes : une partie du phosphore évacué par les eaux finit par sédimenter et devient inaccessible aux êtres vivants, ces pertes ne sont pas compensées par la production minière : lecycle du phosphore est ouvert. Les toilettes sèches contribuent ainsi à limiter la raréfaction du phosphore dans labiosphère.

Inconvénients

- Les réticences vis-à-vis des toilettes sèches sont principalement dues à un blocage culturel. La Suède a sur ce point pris un peu d'avance. Apparues avant la Seconde Guerre mondiale, les toilettes sèches y sont complètement entrées dans les mœurs, au point que certaines communes ne délivrent plus aujourd'hui de permis de construire si la maison n'en prévoit pas.

Note sur l'odeur

- Joseph Országh explique dans un ouvrage sur le compostage que les rares toilettes à litière bio-maitrisée produisant de l'odeur sont le fait d'un mauvais compostage.

DE LA BANLIEUE A LA MONTAGNE

Dans ce chapitre je vais vous raconter ma petite histoire, partager avec vous mon parcours, du chanvre à la permaculture, de la banlieue nord de Bordeaux, à la montagne, de ma petite maison, à ma grande ferme, des Echos Logiques.

L'expérience a donc commencé avec le cannabis vers 14ans.
Des moments de partage entre potes, à un intérêt grandissant pour cette plante comme détaillé dans le premier chapitre de ce livre.

Cela faisait donc 19ans que je fume maintenant, mais j'ai décidé d'arrêter d'en consommer de façon récréative juste après mes 33ans.
Aujourd'hui donc, je suis sevré !

J'ai donc grandi en banlieue, au nord de Bordeaux, parmi différentes cultures (africains, portugais, gitans et quelques blancs quand même…)

Où j'ai commencé à m'intéresser tout d'abord à l'agro-écologie, au travers de Pierre Rahbi, puis ensuite à la permaculture.

J'ai donc commencé les expériences de permaculture dans un petit jardin de 400m².

J'ai fais des études en informatique et réseaux d'entreprise, mais je ne pouvais imaginer travailler cloitré dans un bureau, je suis donc parti à l'armée après mon Bac.

Je me suis engagé dans l'armée de terre, d'abord pour devenir Sergent (Sous-officier), et vadrouiller partout en France (Toulouse, Pau, Perpignan, St Maixent, Brives) pour me former comme instructeur, et du coup, ensuite, pouvoir instruire les bleus qui intégraient le corps des commandos, en infanterie de marine. Pourquoi l'armée me direz vous ?

Pour le sport, le côté carré, perfectionniste, la discipline et surtout l'action !

Malheureusement ou heureusement, je me suis blessé au genou droit, et j'ai du faire une croix sur les commandos.

J'ai donc fais une reconversion dans le coaching sportif et la nutrition.
Milieux que j'ai côtoyé pendant 2ans, mais j'en ai vite fait le tour.

Ensuite, une opportunité s'est présenté avec un CDI dans la grande distribution, avec une bonne paye, des primes, où j'étais responsable du secteur frais, fruits et légumes.

Mais cela s'est mal terminé, et j'ai du saisir les prud'hommes pour réclamer les heures supplémentaires non payées, ainsi que les manquements à la convention collective, au code du travail, ainsi que pour préjudice moral ; Et nous avons gagné !

Comme j'expérimentais déjà la permaculture en milieu urbain, j'ai eu l'idée de voir plus grand, et je me suis donc mis en quête d'une ferme vers les Pyrénées.

Une année de recherche et de combat avec les banques pour obtenir un emprunt.

Nous avons visité pas mal de fermes, mais la première était en fait la bonne, grâce à notre ami Thierry, permaculteur lui aussi et agent immobilier.

Pendant ce temps je faisais aussi des recherches en histoire, sur les paysan, les païens comme ils disaient à l'époque gallo-romaine et chrétienne.

Je pourrais vous parler de nos ancêtres celtes pendant de nombreuses pages, mais vous ne lisez pas ce livre pour cela…
Bien que le modèle de la culture celtique, serait un bon exemple de permaculture, puisqu'ils étaient autonome, chaque village, et faisaient du troc pour les productions manquantes.

Des décennies en paix, avant l'arrivée des romains, puis des chrétiens, qui ont détruit cette magnifique culture celtique.

J'ai aussi fait des recherches sur les maraichers parisiens du 18e et 19e siècle, qui faisait de l'association de fruits et de légumes pour la capitale, avec des effets de bordures ingénieux, en découpant de petites parcelles avec des murs, qui permet de briser les vents, d'apporter de l'ombre, et réflechir la lumière du soleil pour les murs blancs.
Ils utilisaient aussi des cloches en verre, pour l'effet de serre.

J'ai découvert aussi l'électro-culture, datant de plusieurs millénaires, et remis au gout du jour au 19e siècle par Justin Christoflau.
Mais nous en reparlerons dans le prochain chapitre.

Après une année de bataille donc avec les banques, nous avons fini par trouver un compromis et acheter notre petite ferme, dans les Baronnies (Les Baron des Baronnies mdr), dans le village de Lies, à seulement 10 minutes de Bagnères de Bigorre (retraite de Macron quand il vient au ski ou voir sa famille…)

Cette ferme bénéficie de 13 hectares (6ha de prairie et 7ha de forêt), de deux maisons d'habitation, d'un studio, d'un chalet qui sert de boutique et de lieu de formation théorique, des dépendances, des abris, et même un ancien camion frigo qui sert de chambre froide (ou tiède car nous ne l'utilisons que pour stocker les pommes de terre, et les purins de plantes).
Nous avons donc 7ha de forêt qui nous servent pour les feuilles mortes utilisées en paillage, le bois mort, pour démarrer le feu du chauffage, et de temps en temps

un arbre ou deux, qu'on débite en buche pour se chauffer.
Il y a dans ce bois, environ 5ha en fermage pour un éleveur de porc noir de Bigorre

Ensuite il y a 6ha de prairie, dont 4000m² pour les cultures végétales et l'association, Les Jardins des Echos Logiques pour les formations pratiques.

Il y a environ 2ha pour les alpagas de mon père, puis le reste en fermage, pour un voisin éleveur bovins, où il met des fois les vaches, et fait les foins.

Les fermages ne rapportent pas d'argent par contre, on marche avec le troc, de viandes, et de foins.

A cause de la MSA et du Label bio, entre autre, j'ai aussi subi de grosses pressions

psychologique, me poussant vers le suicide, une dépression mélancolique grave, un syndrome de bipolarité et la toxicomanie.
D'ailleurs j'écris ces quelques ligne, en direct de l'hopital psychiatrique de Lannemezan.

Heureusement que le personnel est au petit soin, pour me remettre sur pied, et me pencher d'avantage sur l'écriture de ce livre, puis dès ma sortie, reprendre le travail au sein de l'association, pour les formations, débats et conférences.

Pour en savoir plus sur nos pratiques, je vous invite à nous contacter directement, à la ferme des Echos Logiques, via notre page Facebook ou le site internet de la ferme, par mail.

PERMACULTURE EN MONTAGNE

Tout d'abords, sachez que toutes nos expérimentations en montagne sont reproductible aisément en plaine ou en ville. Il suffit d'adapter en fonction du support, du terroir, et du climat.

Données à prendre en compte chez nous :

- Sol peu profond (40cm de terre argileuse, acide, avant d'atteindre le chiste)
- Travail sur buttes (peu de profondeur donc on creuse les allées pour doubler la profondeur de sol pour les buttes de cultures)
- Deux tunnels froid (pour les solanacées, ainsi que concombres,

poires melons, poires de terre, salades en hiver ainsi que radis)

- P17 en plus l'hiver sous les serres
- Plantes rustiques et vivaces dehors (artichauts, poireaux, choux, pommes de terre, physalis, courgettes et courges)
- Arbres fruitiers dehors (sauf agrumes, et fruits exotiques, sous serre)
- Haies champêtre et fruitières (argousiers, noisetiers, noyers, frênes) autour des jardins pour briser les vents
- Pépinière bioclimatique de récupération, semi-enterré avec une grosse butte au nord pour le vent et stocker la chaleur la journée (chaleur restituée la nuit). Permettant de lancer les premiers semis de la saison estivale à partir de février.

- 10 cuves de récupération d'eau de pluie autour des bâtiments (pour récupérer l'eau des toitures)
- 1 citerne de 70m3 pour vider les cuves et irriguer les serres.
- Pas d'arrosage à l'extérieur (juste du paillage)
- Baignoire enterrée comme point d'eau
- Nichoirs pour chauves souris et oiseaux
- Niches écologiques pour les auxiliaires (hérissons, reptiles)
- Ruche Warré pour les abeilles sauvages (pas de collecte de miel dessus)
- Arbres fruitiers tout les 4m en quinconce sur les buttes pour faire une forêt comestible
- Projet d'autres vergers diversifiés, plus espacés (10m environ entre

chaque arbres), pour faire de l'agroforesterie (fruits et légumes)

- Projet d'une grande marre (soucis pour rendre étanche)
- Toutes les productions associées (exemple sur 1 m², nous avons 4 ou 6 légumes différents autour d'un arbre fruitier)

Pour le reste, c'est du cas par cas, en fonction du terroir, du climat, et de ce qui est déjà présent sur votre terrain.

Si besoin, je fais aussi des design sur mesure, pour les particuliers et les professionnels.

SCIENCES MODERNES ET ANCESTRALES

La science que nous connaissons aujourd'hui est dîtes moderne car nous sommes dans une époque de science, mais vous allez voir, que certaines pratiques sont juste re-découverte, car on trouve des précédent dans l'histoire.

Ce sont donc aussi des sciences ancestrales, pour certaines vieilles de plusieurs siècles ou milliers d'années.

Un exemple avec le principe de pile ou de batterie, d'après une découverte archéologique, les spécialistes ont trouvé en Irak des batteries en argile, dans lequel ils versaient du vin ou jus de raisin, avec un cylindre en métal, entourant un deuxième cylindre en cuivre.

C'est tout simplement une pile en terre datant de plusieurs siècles voir plus.

L’ELECTRO-MAGNETO-CULTURE

En parlant d’électricité, je vais vous expliquer les bases de l’electroculture.

Ce sont des énergies naturelles aux service du vivant, permettant de fertiliser, faire sécher, ou dynamiser les éléments organiques.

Ces énergies électromagnétiques, permettent de dynamiser et fertiliser les sols entre autre, à l’aide d’antennes, de pyramides, et autre structure de géométrie sacrée.

Fini les engrais et produits phytosanitaires avec ce genre de pratique, permettant des récoltes abondantes, de meilleur qualité nutritive.

Ce sont des énergies des énergies subtiles, mystique presque, entre le monde du visible et de l'invisible, de l'infiniment petit puisque nous parlons de protons et d'électrons, rejoignant ainsi la physique quantique.
Ces outils sont souvent mit de côté, et pourtant ils sont très efficace.

On peut aussi parler d'agriculture énergétique, cosmique, biophysique, vibratoire, quantique, cosmo tellurique, ou encore d'ondes subtiles.

Ces pratiques s'adaptent aussi bien à l'agriculture bio qu'à l'agriculture conventionnelle, pour améliorer les rendements, ainsi que les calibres des productions.

Ce sont des outils permettant de capter et amplifier les énergies naturelles, au niveau électrique (électro conductivité des sols) et magnétique par rayonnement, à ne surtout pas comparer aux ondes et énergies artificiels qui sont tout le contraire, car nocifs.
Pour en savoir plus sur l'electroculture, je vous conseil de contacter Yannick Van Doorne qui est LE spécialiste francophone, en Alsace, où je suis allé me former.

Il travaille aussi sur les fréquences sonores et le 432Hz, qui est la fréquence naturelle du « LA », et non pas 440hz qu'on apprend dans le monde de la musique.

L'electro-culture à été redécouverte il y a peu de temps, deux ou trois siècles en arrière et pourtant des peuples ancestraux utilisaient déjà des champs electromagnétiques à l'aide de pyramides, comme les Mayas, les Egyptiens de l'antiquité, ou la Chine ancestrale.

Bienfaits des pyramides :

- Dynamiser les semences
- Fertiliser la terre
- Conserver des aliments
- Aider à la santé des êtres vivants
- Dynamiser l'eau, les boissons, et aliments
- Aide à méditer
- Stimule la détoxification et la purification
- Augmente la vitalité d'un lieu (lithothérapie)
- Génère de l'électricité

- Neutralise la radioactivité
- Génère des électrons
- Génère des fréquences
- Améliore la santé et le bien être
- Purifie l'air environnant

Dans les vieilles civilisation, ils savaient tout cela, et les pyramides ne sont pas des tombeaux, ne servaient pas qu'à la momification des corps, mais bien pour dynamiser, comme par exemple les Mayas qui emmenaient leurs semences au sommet de leurs pyramides.

Voir les expériences de Yannick donc et de Charles Hubbard au Canada.

MEMOIRE DE L'EAU

Selon les travaux de Jacques Benveniste et de Masaru Emoto, l'eau en contact avec certaines substances, certaines fréquences sonores (dont la voix humaine), ou encore par la pensé, conserverait une emprunte de certains de ces éléments, et peut être observer au microscope lors de la cristallisation.

LA QUOI ?

La cristallisation consiste à congeler l'eau, et ensuite observer au microscope la décongélation, formant ainsi des cristaux.

Exemple, si on expose l'eau à de la musique classique, harmonieuse, les cristaux seront magnifique, rejoignant un peu la géométrie sacrée.

Par contre, exposez la à du rock métal, et là on aura des cristaux informe, voir un amas de formes qui ne ressemble en rien à des cristaux.

Il est à noter que la spiritualité joue un rôle important dans les travaux de Masaru Emoto.

L'emploi de dictons, en tant que preuve de l'existence d'une connaissance, sont à noter pour vérifier la véracité de ceux-ci, fréquents dans sa démarche scientifique.

Il a écrit, « Certes, la méthode de la photographie des cristaux d'eau n'obéit pas encore à des critères scientifiques exigeants, mais les images parlent d'elles mêmes, et sont immédiatement comprises sur le plan ésotérique ».

Il y aussi les travaux de Viktor Shauberger qui observa durant des mois la progression des truites de montagne dans les ruisseaux en se demandant comment elles pouvaient rester sans bouger, dans un courant d'eau.
Pour lui, la truite utilise une force générée par le mouvement en spirale de l'eau (la dynamisation) passant à travers ses branchies et sur la surface de leur corps.

Cette force de l'eau atteint un pic au point de densité maximale de l'eau à 4 degrés Celsius, en direction opposé à l'amont.

Lors d'un test 100 litres d'eau chaude furent versé dans une rivière, dont les truites ne pouvaient alors subitement plus remonter le courant.

C’est l’application au principe de vortex, la dynamisation de l’eau.

Je vous invite à faire vos propres recherches sur ces travaux, ces chercheurs, qui ont remis au gout du jour, des techniques ancestrales.

LA BIODYNAMIE

C’est un système de production agricole, que l’on pourrait qualifier de magique, car il est issu du courant ésotérique de l’anthroposophie.

Ses bases ont été posé par Rudolf Steiner en 1924, dans une série de conférences, proposées aux paysans de l’époque.

La biodynamie se base sur l’influence des rythmes lunaires et planétaires, comme les anciens paysans luniers qui se basaient sur la lune.

« Paysans luniers ne remplissent pas leur grenier » est une expression totalement fausse, car lorsque nous prenons les astres en référence, les rendements sont meilleurs.

L'agriculture biodynamique s'adresse à tous les domaines tels que le maraichage, la production de semences, la polyculture-élevage, l'apiculture, la viticulture et au jardinage.

Le paradigme de la biodynamie selon Andrew C. Lorand, se base sur cinq points :

- La Terre est un organisme vivant au sein de l'univers vivant

- Les substances (préparations) sont les vecteurs des forces qui créent le vivant
- Les rythmes cosmiques influencent directement la vie sur Terre (exemple la marée)
- Les animaux et les humains se sont émancipés des rythmes cosmiques
- La ferme est aussi un organisme vivant, dynamique et spirituelle

Mais revenons sur le point des substances, ou plutôt préparations biodynamique.

Il existe six préparations à ajouter au compost et deux préparations à pulvériser sur les cultures, le tout en dosage homéopathique.

Préparations pour le compost :

- Achillée millefeuille
- Camomille
- Ortie
- Ecorce de chêne
- Pissenlit
- Valériane

Préparations à pulvériser :

- Bouse de corne
- Silice de corne

Si vous voulez en savoir plus, je vous invite à faire vos propres recherches et expérimentations…

LA FERME DES ECHOS LOGIQUES

Par où commencer ?
Par le commencement !

Je suis Kevin Baron alias Kevin le Celte, qui a connu une folle histoire…
L'histoire de la vie, l'histoire d'une vie…
Parmi tant d'autres !

Nous sommes en 2014, cela fait déjà 1 an que j'expérimente la permaculture à échelle urbaine, sur $400m^2$, dans la banlieue de Bordeaux.
Les résultats sont abondance de légumes et plantation de petits fruits et kiwis.

Mais c'était trop petit pour moi, je voyais déjà plus grand !

Une ferme en montagne à seulement 4h au sud.
Là-dessus j'intègre mes parents au projet pour leur éviter l'EPAD ou la maison de repos.

Et mon meilleur ami d'enfance, mon frère Guillaume Ramiroux, à qui je dois tant aujourd'hui.
Guillaume est d'une sagesse si vous saviez, il force l'admiration, sur le lâcher prise, à son rythme, tranquille, sûr de lui.
Le temps est une notion de coolitude de chaque instant.

Bref, revenons en aux parents à qui je dois tout, depuis la naissance, de m'avoir supporté, moi l'hyperactif bipolaire.

Je leur en ai fais voir de toutes les couleurs, des vertes et des pas murs, Hein ? Ya l'ch'iel qu'est tombé shur ch'tiête ti zote ! (c'est du ch'timi)

Nous sommes une petite famille, un fils unique, deux parents aimants, deux grands parents géniaux, un papy joueur et une mamie chrétienne.

Mes chers grands parents, ils me manquent, mais je sais qu'ils sont devenus des anges qui nous aident au quotidien, dans toutes les taches.

Papy et Mamie, reposai en paix, la petite famille va bien mieux, dans le meilleur comme dans le pire. Nous connaitrons encore maintes épreuves, mais on les surmontera toujours tous ensemble, dans une famille soudée, comme devrais être une vie de famille, calme avec de l’amour, du soutien, de la patience, car j’leur en ai fais voir de nombreuses conneries depuis l’adolescence.

Je suis passionné d’histoire, et j’adore lire, écrire, d’où ce premier livre, mais le second est déjà en réflexion.

Et ma chérie par-dessus tout, sans qui je serai éteint aujourd’hui, je lui dois la vie, à mon âme jumelle, elle est mon archange dans cette vie, ma déesse même, je l’aime plus que tout !
Et j’aime Dieu à travers elle, car c’est amour de ma vie !

Jte ker min chouchou, que jte kereuh, que jte ker ; ^^

Traduction : Que je t’aime, que je t’aimeuh, que je t’aime.

(Mon ami Johnny Haliday, paix à son âme)

Une famille en or, qui est à ma portée, près des yeux et près du cœur.

Je vous aime, mon cœur, maman, papa, Guillaume, Linda, mes enfants, Myke, Ines et Lycia.
C'est fini les conneries.

Donc revenons-en à nos moutons, la création des entités de la Ferme des Echos Logiques pour la permaculture, et les Alpagas des Baronnies.
Nouvelle passion de mon père, pour la laine, le tricot, les vêtements, le feutre, le fumier et les chutes de laine, pour protéger les légumes en paillage et repousser les rongeurs.

Aujourd'hui cela fait 4 ans que nous expérimentons la permaculture, entre nous, avec des woofers, des stagiaires, l'association des Jardins des Echos Logiques, à travers laquelle nous faisons un espace formation, un espace débat et conférence.

Un espace d'échanges !

Donc pour la petite histoire, 2015, chemin de croix, contre les banques, contre l'administration, pour s'installer jeune agriculteur et éleveur d'alpagas (classé avec les équidés… alors que ce sont des camélidés, lamas, chameaux,…).

Mais on a rien lâché, on y est arrivé grâce à notre ami Thierry, agent immobilier, permaculteur depuis plus de 30 ans.

Compliqué avec l'administration, la MSA et Ecocert, pour m'avoir mis la pression, au point de devenir suicidaire, parano, bipolaire, et toxicoman…

Ils m'ont rendu fou ! Le burn out, alors qu'on vit dans une oasis, un ptit paradis, avec tant d'amour autour…

A cause d'eux je ne voyais plus les petits miracles de la vie, de la biodiversité, quand on a encore des colibris, des abeilles, des papillons, des chauves sourie, des oiseaux, des rapaces, des reptiles, des hérissons, des cervidés et des sanglier !!!

Car nous avons 7ha de fôret sauvage, que nous pouvons préserver.

Les 6 autres hectares sont des prairie, des patures et une zone productions végétales.

Je me revendique, arboriculteur maraichers, car les arbres sont ma première passion dans la nature, comme des symboles de vie, de droiture, de justesse, qui évolue au fil des saisons, meurt en hiver à la surface, mais vivant dans les racines.
Pour se réveiller au printemps, le printemps de la vie, la renaissance, qui bourgeonne, pour nous offrir des feuilles, du bois, et parfois même des fruits !

Le maraichage pour nous oui, pour produire non ! Juste un marché par semaine, pour faire parler de nous et des formations et la ruche qui dit oui à Tarbes le mercredi.

Pour mon passé, j'ai fais des études d'informatique et réseaux, je suis passé par l'armée comme sergent dans les commandos, puis coach sportif, coach en nutrition, directeur adjoint d'une Leclerc Drive, j'ai connu différents aspects de la vie, et peut être de trop de vie différentes en seulement 7 ans.

Aujourd'hui je suis permaculteur depuis 6 ans, au moins un domaine que je ne quitte pas, et que je ne quitterais jamais, car j'ai trouvé la voie du bonheur dans ma petite ferme, avec ma petite famille en or !
Donc des années de bonheur, et ces derniers mois l'enfer de la psychiatrie.

D'ailleurs j'attends un jugement délibéré dans 3 jours, pour la MSA qui a fait deux tentatives de fraude en doublant sur les surfaces de cultures, puis dans un second temps sur les heures de transformations, pareil doublées…

Aujourd'hui donc, je suis paysan permaculteur et fier de l'être !

Tous les détails dans le prochain livre :p ;D xD

EPILOGUE

Que vous dire de plus ?

Si ce n'est d'observer, votre terroir, votre climat, la course du soleil, les zones ombragées…

Reprenez l'éthique et les principes de permaculture, pour affiner votre design, ou faire appel à un professionnel tel que moi, pour vous aider dans la conception de votre jardin, balcon, terrasses…

Reprenez bien les principes, comme expliqué dans ce livre, afin d'affiner votre design, pour les autodidactes.

Et enfin, n'hésitez pas à expérimenter l'electroculture, et la mémoire de l'eau, pour dynamiser vos semences, votre terre et tous les êtres vivant que vous aurez dans votre projet.

CONSEILS DE LECTURE

Pierre Rahbi pour l'agro-écologie :

- Manifeste pour des Oasis en tous lieux
- La part du colibris
- Manifeste pour la terre et l'humanisme
- Vers la sobriété heureuse
- Un nouveau monde en marche
- L'agro-écologie, une éthique de vie

Bill Mollisson & David Holmgren pour la permaculture :

- Permaculture One
- Permaculture Two
- Introduction to permaculture
- Low, Tim Feral Future
- Mollison, Bill Permaculture
- Tane, Hakai Ecographye

Pour les sciences je vous conseil les travaux de Yannick Van Doorne, Masaru Emoto, et Viktor Shauberger.

Pour la biodynamie je vous conseil le calendrier lunaire sur internet :MABD.

REMERCIEMENTS

Un grand merci, aux équipes de soignants des pavillons 4 et 5, de l'hôpital de Lannemezan, sans qui je ne serais pas là.

Merci à ma chérie d'amour, à mes parents, et mon frère Guillaume, qui me soutiennent dans ce projet fou depuis quelques années.

Merci aux lecteurs, pour qui j'ai écrit ce livre, à l'humanité et au reste du monde vivant, pour cette vie pleine de surprises !

Merci Mamie

Merci Papy

Merci Maman

Merci Papa

Merci ma Flo

Merci à mon frère Guillaume

Merci à tous

Ce livre va vous plonger dans la tête de Kevin BARON, qui expérimente depuis plusieursannées la permaculture, ainsi que d'autres domaines.

De la banlieue, à la montagne, laissez-vous embarquer dans cette folle histoire.

De la physique quantique, à la biodynamie, nous aborderons dans ce livre une approche scientifique et spirituelle, qui nous offre les clés de la réussite, pour des systèmes permacoles, viables et résiliants, pour l'humanité et avant tout pour les générations futures.

FSC
www.fsc.org
MIX
Papier | Fördert
gute Waldnutzung
FSC® C083411

Kolibri 360 GmbH
Ferdinand-Jühlke-Straße 7
99095 Erfurt, Deutschland
produktsicherheit@kolibri360.de

Druck:
CPI Druckdienstleistungen GmbH
im Auftrag der
Kolibri 360 GmbH
Ferdinand-Jühlke-Str. 7
99095 Erfurt